새 행동 도감

STAFF

기획·편집 : POMP LAB.
구성 : 다치바나 리쓰코(POMP LAB.)
북디자인 : 간스이 쿠미코
일러스트 : 마쓰오카 리키
편집 협력 : 데즈카 요시코(POMP LAB.), 사토 레이코

TORI NO SHIGUSA·KOUDOU YOMITOKI ZUKAN
Copyright © 2022 KANZEN
All rights reserved.

No part of this book may be used or reproduced in any manner whatsoever without written permission except in the case of brief quotations embodied in critical articles and reviews.

Originally published in Japan in 2022 by KANZEN CORP.
Korean Translation Copyright © 2025 by BONUS Publishing Co.
Korean edition is published by arrangement with KANZEN CORP. through BC Agency.

이 책의 한국어판 저작권은 BC에이전시를 통한 저작권자와의 독점 계약으로 보누스출판사에 있습니다. 저작권법에 의해 보호를 받는 저작물이므로 무단전재와 무단복제를 금합니다.

새 행동 도감

한눈에 알아보는
새의 위장술·스트레칭·배설·사냥·
구애 행동 탐조 가이드

POMP LAB. 편저 | 고미야 데루유키 감수 | 이진원 옮김

보누스

하고 있는 걸까?

→ 142쪽

민물가마우지

프롤로그

　새는 우리에게 가장 친숙한 야생동물이라고 할 수 있다. 가까이 다가가면 바로 날아가버리기 때문에 평소 잘 느끼지 못할 뿐, 의외로 많은 새들이 아주 가까운 곳에서 우리와 함께 살고 있다. 그리고 그것은 자연이 우리에게 준 큰 선물이기도 하다.

　새만큼 흥미로운 대상도 없다. 하늘을 날기 위해 생존에 필요한 최소한의 구조만을 남기고 몸을 가볍게 만들었다. 그렇게 독자적인 진화의 길을 걸어온 새는 인간의 상상을 훨씬 뛰어넘는 세계에서 살고 있는 것이다. 예컨대, 철새는 해마다 수천 킬로미터의 거리를 이동하지만 그들이 하늘길을 택하는 방법이나 그 여정에서 일어나는 일 등 아직까지 많은 부분이 베일에 싸여 있다.

　한편 평소 새들의 행동을 보면 '무슨 의미가 있을까?' 하고 궁금점을 갖게 하는 일들이 있다. 구애를 할 때나 적을 위협할 때 보이는 행동은 사람의 관점에서 보면 수수께끼라 할 수 있다. 이 책을 통해 우리에게 여전히 신비한 존재인 새의 몸짓과 행동을 함께 살펴보면서 새로운 매력을 발견하는 계기가 된다면 정말 기쁘겠다.

차례

새들이 무엇을 하고 있는 걸까? … **4**

프롤로그 … **11**

어머! 정말이야!?
알면 알수록 더 알고 싶은 새에 관한 기초 지식

새는 어떤 동물인가? … **16** 새의 생태와 생김새의 관계 … **24**

새의 몸 구조와 측정 방법 … **18** 새의 생태와 자연환경 … **28**

텃새와 철새의 구분 … **20**

순간 포착!
새 행동 도감

이 장의 구성 … **30**

순간 포착 ① 왜 그러는 걸까? 머리 위 깃털을 갑자기 세운다! … **31** 쑥새

순간 포착 ② 왜 그러는 걸까? 어머나, 나뭇가지인 줄 알았는데? … **37** 해오라기

COLUMN '의태' 능력이 뛰어난 새들 … **39**

COLUMN 올빼미는 찾기 쉽다? … **42**

순간 포착 ③ 왜 그러는 걸까? 날개를 파닥이고 있네 … 다치기라도 한 걸까!? … **43** 흰물떼새

순간 포착 ④ 왜 그러는 걸까? 발레리나 같은 자세를 취한다 … **47** 왜가리

COLUMN 이 행동의 진짜 목적은 '깃털 말리기' … **53**

더 알아보기 새가 하는 기본적인 행동

　　　　　① 깃털 고르기 / 머리 긁기 … **54**　② 스트레칭 … **57**

순간 포착 ⑤ 왜 그러는 걸까? 애써 먹은 열매를 토해낸다! … **59** 딱새

순간 포착 ⑥ 왜 그러는 걸까? 지금 싼 것이 똥이야? 아니면 오줌이야? … **63** 직박구리

COLUMN 새의 똥을 보면 알 수 있는 것 … **66**

순간 포착 ⑦ 왜 그러는 걸까? 입을 벌리고 목을 계속 떤다 … **67** 민물가마우지

순간 포착 ⑧ 왜 그러는 걸까? 겨울이 되면 왜 더 동글동글해지는 걸까? … **71** 참새

순간 포착 ⑨	왜 그러는 걸까? 물 위를 달린다! … **75 물닭**
COLUMN	물 위를 달리는 새들 … **77**
더 알아보기	새가 하는 기본적인 행동
	③ 땅 위에서 이동하기 … **78**　④ 물 마시기 … **80**
순간 포착 ⑩	왜 그러는 걸까? 공중에서 정지비행을 한다? … **81 물총새**
순간 포착 ⑪	왜 그러는 걸까? 물속에서 한쪽 발을 부들부들 떤다 … **85 쇠백로**
순간 포착 ⑫	왜 그러는 걸까? 트랙터 주변을 계속 따라다닌다 … **91 황로**
순간 포착 ⑬	왜 그러는 걸까? 공중에서 떨어뜨린 것을 다시 주우러 간다 … **95 까마귀**
순간 포착 ⑭	왜 그러는 걸까? 나무 열매를 먹지 않고 구덩이에 파묻는다 … **99 곤줄박이**
COLUMN	식물의 씨앗을 운반하는 새들의 먹이 저장 행동 … **101**
COLUMN	먹이를 저장하는 새들의 인지능력 … **104**
순간 포착 ⑮	왜 그러는 걸까? 깃털을 활짝 펴고 날갯짓을 한다 … **105 백할미새**
COLUMN	새들의 개성 넘치는 구애 행동 … **110**
순간 포착 ⑯	왜 그러는 걸까? 마구 날뛴다! … **111 꿩**
더 알아보기	새가 하는 기본적인 행동
	⑤ 울음소리와 지저귐 … **116**　⑥ 비행 … **118**
순간 포착 ⑰	왜 그러는 걸까? 다른 동물의 털을 뽑는다 … **119 큰부리까마귀**
COLUMN	다른 새의 둥지를 빼앗는 새 … **122**
순간 포착 ⑱	왜 그러는 걸까? 새끼에게 계속 무언가를 준다 … **123 멧비둘기**
COLUMN	다른 새의 육아를 도맡아 대신하는 새 … **126**
순간 포착 ⑲	왜 그러는 걸까? 둥지에서 무언가를 물고 나온다 … **127 박새**
순간 포착 ⑳	왜 그러는 걸까? 공을 가지고 노는 걸까? … **131 매**
COLUMN	다른 새들의 행동을 모방하며 홀로서기를 꾀하다 … **133**
순간 포착 번외	무엇을 하는 걸까? … **134**
용어 해설	성장 단계 및 역할 / 생태환경 / 깃털과 형태 / 개성 있는 깃털 … **138**
해설	새들이 무엇을 하고 있는 걸까? … **142**

좀 더 알고 싶다!

이 책에 등장하는 86종의 새에 대하여

쑥새 / 해오라기 … 144 흰물떼새 / 왜가리 / 딱새 … 145
직박구리 / 민물가마우지 / 참새 … 146 물닭 / 물총새 / 쇠백로 … 147
황로 / 까마귀 / 곤줄박이 … 148 백할미새 / 꿩 / 큰부리까마귀 … 149
멧비둘기 / 박새 / 매 … 150 갈색얼가니새 / 개개비 / 개개비사촌 / 개똥지빠귀 … 151
검은눈썹제비갈매기 / 고니 / 괭이갈매기 / 굴뚝새 … 152
꼬마물떼새 / 나무발발이 / 넓적부리 / 노랑턱멧새 … 153
느시 / 대백로 / 댕기물떼새 / 동박새 … 154 따오기 / 때까치 / 멧새 / 물수리 … 155
바다비오리 / 바다직박구리 / 방울새 / 밭종다리 … 156
북방흰얼굴소쩍새 / 붉은가슴도요 / 붉은부리갈매기 / 블래키스톤물고기잡이부엉이 … 157
뻐꾸기 / 세가락도요 / 솔개 / 솔부엉이 … 158
솔새 / 쇠딱따구리 / 쇠재두루미 / 쇠제비갈매기 … 159
쇠칼새 / 수리부엉이 / 쏙독새 / 아프리카펭귄 … 160
알락해오라기 / 오목눈이 / 오스트레일리아사다새 / 왕눈물떼새 … 161
울새 / 유리딱새 / 잣까마귀 / 장다리물떼새 … 162
재갈매기 / 제비 / 종다리 / 줄무늬올빼미 … 163
찌르레기 / 청둥오리 / 콩새 / 큰뒷부리도요 … 164
큰바우어새 / 큰사다새 / 큰왕눈물떼새 / 큰유리새 … 165
큰홍학 / 홍여새 / 황새 / 황조롱이 … 166
휘파람새 / 흰뺨검둥오리 … 167

탐조 일기를 기록해 보자 … 168 도움받은 자료 … 178
찾아보기 … 175

일러두기

본문에 등장하는 새의 학명, 영명, 분류체계는 국립생물자원관과 국가생물종지식정보시스템에 등재된 것을 따랐습니다.

어머!

정말이야!?

알면 알수록 더 알고 싶은
새에 관한
기초 지식

여러분은 새가 하늘을 난다는 사실 외에 무엇을 알고 있는가? 지금부터 새가 어떤 동물인지 자세히 살펴보도록 하자.

새는 어떤 동물인가?

특징 ① 날개가 있어 하늘을 날 수 있다

솔개

새의 가장 큰 특징이라면 앞다리가 변해 생긴 날개로 하늘을 날 수 있다는 점이다. 새의 몸은 매우 가볍고 보온 역할을 하는 깃털에 덮여 있다. 날개의 가장 바깥쪽에 있는 길고 뻣뻣한 깃털을 '풍절우(장지터럭)'이라 하는데, 몸을 공중에 띄워 앞으로 나아가게 한다. 새는 뼈 속이 비어 있어서 몸이 가볍고, 강한 가슴 근육 덕분에 힘차게 날갯짓을 할 수 있다.

특징 ② 알을 낳고 품어 부화시킨다

제비

새는 파충류처럼 알을 낳는다. 만약 새가 포유류처럼 뱃속에서 새끼를 키운다면, 몸이 무거워 하늘을 날지 못할 것이다. 그래서 어미새는 둥지에 하나씩 알을 낳아 따뜻하게 품는다. 새끼가 부화하면 홀로 설 수 있을 때까지 먹이를 먹여 기른다. 이렇듯 새는 하늘을 날기 위해 난생(卵生)을 선택했다.

새는 아주 오래전 나무 위에서 살던 소형 공룡이었을 것으로 추정된다. 저 높은 하늘을 날기에 최적화된 새의 몸은 독자적인 구조를 지니고 있다. 그 기본적인 특징을 정리하면 다음과 같다.

특징 ③ 폐호흡을 한다

새는 공기 속 산소를 체내로 흡수하는 폐호흡을 하도록 진화했다. 그뿐만 아니라 새는 몸 안에 폐와 연결된 '기낭'이라는 큰 공기주머니가 있다. 기낭은 공기를 저장하여 몸이 뜨도록 돕는 동시에 호흡을 가능하게 한다.

직박구리

특징 ④ 체온이 거의 변하지 않는다

변온동물은 주변 온도가 내려가면 체온도 같이 떨어지지만 조류와 포유류는 체온을 거의 일정하게 유지하는 정온동물이다. 변온동물은 날씨가 추워지면 활동성이 크게 떨어지지만, 정온동물은 추운 곳에서도 활동할 수 있다. 이렇게 새는 생존이 가능한 영역을 넓혀 왔다.

유리딱새

새의 몸 구조와 측정 방법

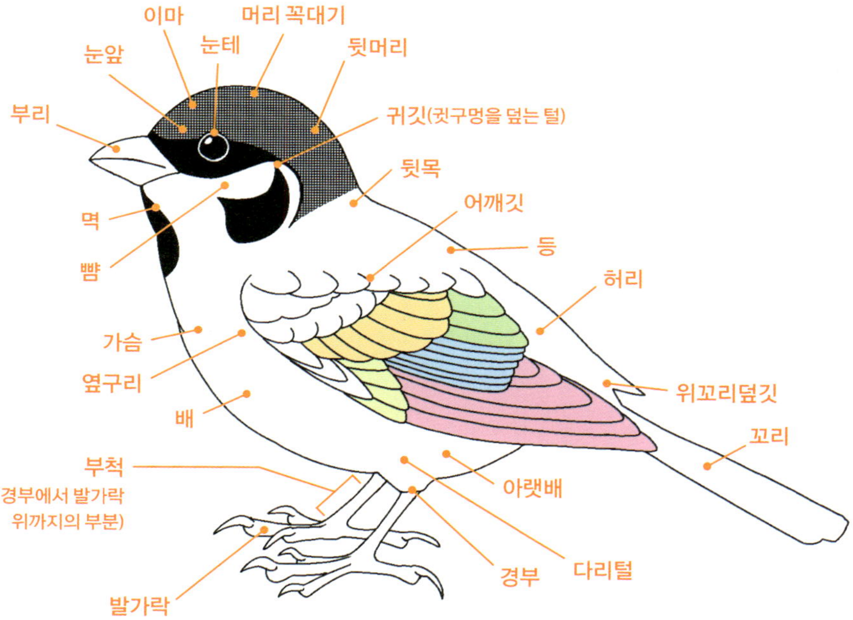

이마, 머리 꼭대기, 눈테, 뒷머리, 눈앞, 부리, 귀깃(귓구멍을 덮는 털), 멱, 뺨, 뒷목, 어깨깃, 등, 허리, 가슴, 옆구리, 배, 위꼬리덮깃, 꼬리, 부척(경부에서 발가락 위까지의 부분), 아랫배, 경부, 다리털, 발가락

새의 다리에서 경부는 사람 몸으로 치면 무릎관절에 해당한다. 사람의 무릎과 허벅지에 해당하는 부위는 깃털에 가려 보이지 않는다. 부척은 사람 몸으로 치면 발뒤꿈치에서 발바닥에 해당한다. 위의 그림 속 새는 사람으로 대입하면 발가락을 세우고 서 있는 것과 같다.

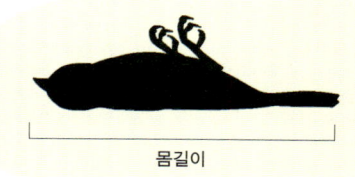

몸길이

몸길이 재는 방법

부리 끝에서 꼬리까지 잰다. 부리나 꼬리가 긴 새는 전체 몸길이에 비해 몸이 작다는 것을 알 수 있다.

새는 하늘을 날기에 적합한 몸 구조를 지니고 있다. 지금부터 새 몸의 각 부분과 날개 부분의 명칭을 알아보자.

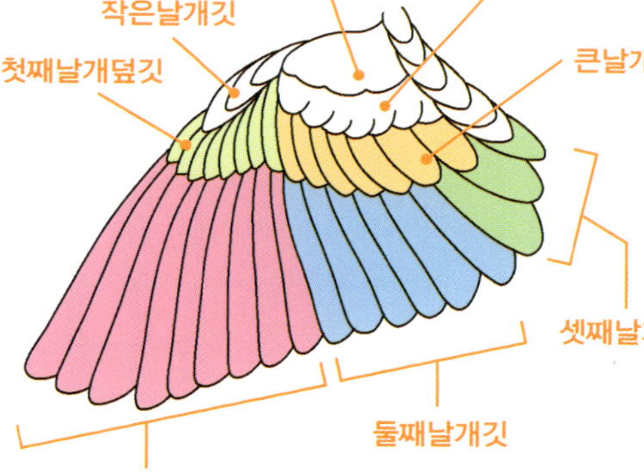

- 작은날개덮깃
- 가운데날개덮깃
- 작은날개깃
- 첫째날개덮깃
- 큰날개덮깃
- 셋째날개깃
- 둘째날개깃
- 첫째날개깃

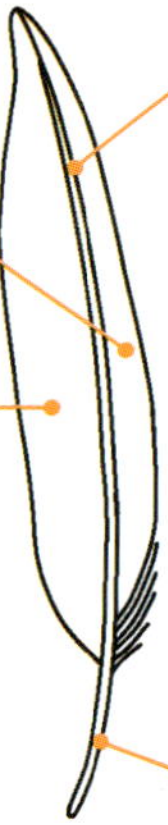

- 깃축
- 바깥우면
- 안쪽우면
- 깃자루

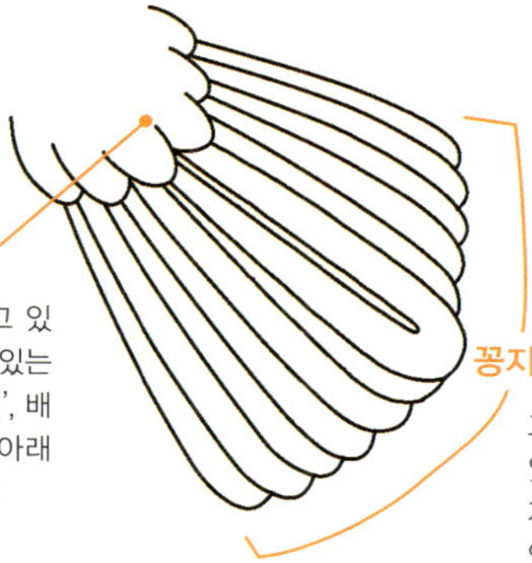

꽁지덮깃
새의 꽁지깃을 덮고 있는 깃털로, 등 쪽에 있는 깃털을 '위꼬리덮깃', 배 쪽에 있는 깃털을 '아래꼬리덮깃'이라 한다.

꽁지깃
꼬리뼈에 좌우대칭으로 직접 붙어 있는 큰 깃털로, 비행할 때 안정적인 자세를 유지하고 방향을 조절하는 역할을 한다.

날개편길이 재는 방법

새의 좌우 날개를 펼쳤을 때, 왼쪽 날개의 끝에서 오른쪽 날개 끝까지의 길이를 측정한다. 'W(wingspan)'로 표기하기도 한다.

날개편길이

텃새와 철새의 구분

유형 ① 텃새·떠돌이새

계절에 따라 이동하지 않고 1년 내내 한곳에 머무르는 새를 '텃새'라고 한다. 텃새는 거의 같은 지역에서 번식과 월동을 모두 한다. 그중에는 한 지역 내에서 계절 이동을 하는 새가 있다. 이를 '떠돌이새'라고 한다. 떠돌이새는 추운 계절이 되면 새끼를 기르기 위해 남부 지방으로 내려가거나 산지와 저지대를 오가기도 한다.

텃새
참새 / 멧새

여름 철새 / 떠돌이새
찌르레기 / 섬휘파람새

계절에 따라 서식지를 바꾸기 위해 이동하는 새를 '철새'라고 한다. 반면에 계절에 따라 이동하지 않고 일 년 내내 한 지역에 머무르는 새를 '텃새'라고 한다.

유형 ② 여름새

남쪽에서 겨울을 지내고 봄에서 초여름에 걸쳐 우리나라에 날아와 번식한 후, 다시 남쪽으로 날아가는 철새를 '여름새'라고 한다. 여름새는 기온이 따뜻해질 무렵에 한 쌍을 이루어 알을 낳고 새끼를 기른다. 가을이 되면 어미는 새끼를 데리고 겨울을 나기 위해 따뜻한 남쪽 지역으로 돌아간다. 우리나라에서 볼 수 있는 여름새로는 제비, 물총새, 뻐꾸기, 호반새 등이 있다.

남쪽에서 온다

제비

개개비

텃새와 철새의 구분

유형 ③ 겨울새

 가을부터 겨울에 걸쳐 북쪽에서 날아오는 철새를 '겨울새'라고 한다. 겨울새는 북쪽보다 따뜻한 지역에서 겨울을 나기 위해 남쪽으로 이동한다. 남쪽으로 이동하기 전에 북쪽 지역에서 번식하며, 그해에 태어난 새끼와 함께 이동했다가 봄이 되면 다시 북쪽으로 돌아간다. 고니류와 오리류가 대표적인 겨울새다.

북쪽에서 온다

고니

개똥지빠귀

유형 ④ 나그네새·미조

북쪽 지역에서 번식하고 남쪽 지역에서 겨울을 지내려고 오가는 도중에 우리나라에서 잠시 머물고 가는 철새를 '나그네새'라고 한다. 봄이나 가을에, 혹은 두 시기에 모두 볼 수 있으며 도요새와 물떼새가 대표적인 나그네새다. 또한 원래의 이동경로 및 서식지에서 벗어나거나 태풍으로 인해 길을 잃고 우리나라를 찾아오는 새를 '미조(迷鳥)', 길 잃은 새라고 한다. 먼 길을 오가는 철새일수록 길을 자주 잃는다.

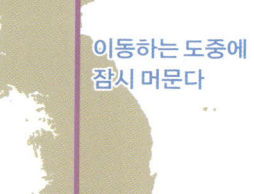
이동하는 도중에 잠시 머문다

큰뒷부리도요

왕눈물떼새

새의 생태와 생김새의 관계

포인트 ① 부리의 형태

 '주로 무엇을 먹는가' 하는 성향을 식성이라 한다. 새 부리의 형태는 새의 식성에 따라 다르다. 이제부터 새의 부리 형태와 식성의 관계를 말하고자 한다. 25쪽에서 보듯이 대략 다섯 가지로 나눌 수 있지만, 이 외에도 특색 있는 부리를 지닌 새들이 많다.

 도요과의 알락꼬리마도요는 아래로 길게 굽은 부리를 진흙 속에 집어넣고 게나 갯지렁이 등을 잡아먹는다. 같은 도요과의 큰뒷부리도요는 반대로 긴 부리가 위로 휘어 있다. 딱따구리과에 속하는 새들은 곧고 튼튼한 부리로 나무줄기를 쪼아 벌레가 있는 곳을 찾아낸다. 그리고 나무에 구멍을 뚫은 다음, 긴 혀로 벌레를 끄집어내 먹는다. 딱따구리과 새들은 혀끝에 화살촉 같은 돌기가 있는데, 끈적끈적한 점액이 묻어 있어 나무 속 애벌레를 쉽게 잡을 수 있다. 사다새과에 속하는 새들은 유난히 큰 부리를 지니고 있다. 특히 아래 부리에는 그물처럼 늘어나는 큰 주머니를 달고 있어 먹이를 잡을 때 용이하다.

새의 생태와 생김새는 관련성이 깊다. 새들은 종마다 부리와 다리, 날개의 형태에 차이가 있다. 특히 부리와 다리는 그 새의 식성과 서식하는 환경을 잘 보여준다.

굵고 짧은 부리
씨앗을 부수거나 나무 열매의 단단한 껍데기를 깨는 데 적합하다.

방울새

갈고리처럼 휜 부리
뾰족하고 굽은 부리로 작은 동물을 공격한다.

때까치

날카롭고 뾰족한 부리
물속에서 헤엄치는 물고기 등을 쪼거나 물어서 잡는다.

대백로

넓고 평평한 부리
부리로 물 아래를 휘휘 저으면서 먹이를 찾아 잡아먹는다.

넓적부리

크게 벌어지는 부리
부리를 크게 벌리고, 날면서 작은 벌레를 잡아먹는다.

제비

새의 습성과 생김새의 관계

포인트 ② 다리의 형태

새의 발가락은 대부분 앞에 세 개, 뒤에 한 개가 나 있는 구조다. 하지만 딱따구리의 발가락은 앞에 두 개, 뒤에 두 개가 나 있는 특이한 구조다. 또한 물속에서 헤엄치는 새들은 발에 물갈퀴나 판족이 있다. 판족은 물갈퀴처럼 발가락 전체가 연결되지 않고 각각의 발가락 양옆으로 막이 있다. 물갈퀴가 있는 종과 판족이 있는 종은 헤엄칠 때 발을 움직이는 방법이 서로 다르다. 또한 백로과, 도요과, 물떼새과는 물속을 걷기에 적합한 긴 다리를 가지고 있다. 반면에 제비와 물총새의 짧은 다리는 비행을 하거나 물속으로 다이빙할 때 공기와 물의 저항을 줄여준다. 이처럼 새의 다리는 습성에 따라 형태가 다양하다.

포인트 ③ 날개의 형태

새의 날개도 습성에 따라 형태가 다양하다. 종마다 날개가 짧거나 길고, 날개 끝이 둥글거나 뾰족하다. 날개 형태별로 주요 특징을 살펴보자.

- **짧은 날개** ··· 날갯짓을 하기 쉬운 반면, 활공 기능이 떨어진다.
- **긴 날개** ··· 활공 기능이 좋은 반면, 날갯짓하기가 힘들다.
- **날개 끝이 둥글고 끝이 갈라져 있다** ··· 천천히 날아도 속도가 떨어지지 않는 반면, 속도를 내지 못한다.
- **날개 끝이 뾰족하다** ··· 속도를 쉽게 낼 수 있는 반면, 속도가 빨리 떨어진다.

물수리

힘센 발가락과 발톱으로 먹이를 꽉 움켜쥔다.

쇠딱따구리

갈고리처럼 생긴 두 발가락으로 나무를 꽉 잡아서 나무에서 떨어지지 않고 안정적으로 매달릴 수 있다.

청둥오리

발가락 사이에 물갈퀴가 있어 헤엄치기에 적합하다.

새의 생태와 자연환경

서식 환경 유지 = 야생동물 보호

아래 그림은 생태계 먹이사슬의 영양 단계를 잘 보여준다. 갑자기 어느 한 단계가 감소하거나 반대로 증가하면, 도미노처럼 다른 단계에도 그 영향이 미치게 된다는 사실을 예상할 수 있다.

이것은 서식 환경도 마찬가지다. 철새를 예로 들어보자. 철새가 머무르는 번식지와 월동지 중에 어느 한 곳이라도 서식 환경에 문제가 생기면 철새는 생존에 위협을 받는다. 야생동물을 보호한다는 것은 서식하는 생태환경을 지키는 것이다. 나아가 그것이 지구 전체의 환경보호로 이어진다.

▲ 생태 피라미드

순간 포착!

새 행동
도감

새의 몸짓이나 행동은 상황에 따라 의미가 달라지기도 한다. 이 장에서는 순간 포착한 사진을 보면서 새들이 상황에 따라 어떤 행동을 하는지 그 특징과 과정을 세세하게 살펴본다.

이 장의 구성

● 순간 포착한 장면 소개

사진 속 새에 관해 좀 더 자세히 알고 싶다면 부록을 참고하자.

관련 정보를 더 소개한다.

앞 페이지 질문에 관한 해설이다.

● 재미를 더하는 코너!

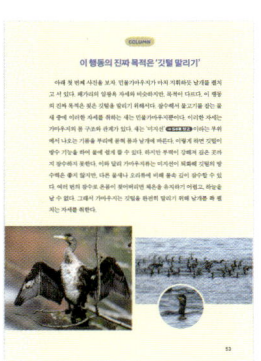

앞에서 소개한 새의 행동과 비슷하지만 다른 예를 소개한다.

앞에서 소개한 새와 동일한 행동을 하는 다른 새의 모습을 살펴본다.

새의 행동과 관련된 흥미로운 정보를 소개한다.

순간 포착 01

왜 그러는 걸까?
머리 위 깃털을 갑자기 세운다!

쑥새

쑥새에 관해
더 알고 싶다면!
▶ 144쪽

그 이유는…

쑥새에게 무언가 경계할 일이 생겼기 때문이다

쑥새 정수리 부분에 있는 깃털을 '머리깃(관모)' →140쪽 참고 이라고 한다. 머리깃은 공작처럼 화려한 것도 있지만 수수한 모양도 있다. 특히 이성이나 라이벌에게 어필하는 과시(display)의 역할이 크다고 한다. 쑥새의 머리깃은 평소에는 눈에 잘 띄지 않지만, 경계하거나 흥분했을 때 그 모습을 볼 수 있다. 과시 행동은 동물이 몸의 한 부분이나 특정 동작을 강조해 구애를 하고, 위협적인 상황에 대처하는 행동 양식으로, 진화 과정에서 정착되었다.

쑥새와 같은 멧새과에 속하며 혼군(혼성군, 종이 다른 새들이 한 무리를 이루어 행동하는 것)을 이루는 멧새에게도 머리깃이 있다.

멧새
▶155쪽

새들이 경계할 때 하는 행동

경계음을 낸다

쇠딱따구리
▶159쪽

오목눈이
▶161쪽

쇠딱따구리가 위쪽을 살피고 있다. 오목눈이와 박새류 외에 소형 새들도 경계음을 낼 수 있다.

　오목눈이와 박새류 같은 소형 새들은 맹금류의 먹잇감이다. 그래서 포식자를 발견하면 같은 종이나 같은 환경(숲 등)에서 사는 소형 새들끼리 경계음을 내어 서로에게 위험을 알린다. 이때 모두가 함께 도망치거나 숨는다. 쇠딱따구리의 경계음은 비교적 멀리까지 잘 울린다고 한다.

새들이 경계할 때 하는 행동

경계 자세를 취한다

차렷!

참새
▶146쪽

참새가 등줄기를 쭉 펴고 먼 곳을 주시하고 있다. 이러한 자세는 경계하는 대상이 멀리 있을 때 보이는 행동이다.

　참새처럼 등줄기를 쭉 펴고 몸을 세워 경계 자세를 취하는 새로는 북방쇠얼굴쇠쩍새 ➔157쪽 참고 가 유명하다. 새는 경계할 때 몸을 세워 가늘게 보이게 하는데, 이는 나뭇가지처럼 보이게 하는 의태 행동이다. 천적으로부터 자신을 보호하는 방법이며 다양한 새들에게서 볼 수 있다.

새들이 경계할 때 하는 행동

고개를 갸웃하며 가만히 바라본다

콩새
▶164쪽

다소 험상궂은 얼굴의 콩새가 이렇게 쳐다보면 싸움을 거는 듯한 기분이 들지도 모른다.

앵무새류를 키우는 사람이라면 알 것이다. 새들은 뭔가 신경 쓰이는 대상이 있을 때 고개를 옆으로 기울여 한쪽 눈으로 그쪽을 빤히 바라본다. 이러한 행동을 하는 이유는 한쪽 눈에 초점을 모아 대상을 더 잘 관찰하기 위해서다. 앵무새류는 한쪽 눈으로 보아야 보고 싶은 대상을 더 잘 볼 수 있다. 반면에 눈이 얼굴 옆에 붙어 있는 새나 오리류는 시야가 넓은 대신 정면에 있는 것은 잘 보지 못한다.

새들이 경계할 때 하는 행동

그늘에 숨는다

꿩
▶149쪽

꿩은 하천부지의 풀숲이나 휴경 농지 등에 잘 숨는데, 수꿩은 모습을 완전히 감추지 못할 때가 많다.

　새가 경계할 때 하는 행동은 매우 다양하다. 일정 거리 이상으로 다가가면 날아가버리거나 시끄럽게 울어대던 무리가 갑자기 조용해지기도 한다. 그리고 멈춰 서서 연신 고개를 끄덕이다가 결국 날아가기도 한다. 위의 사진 속 꿩처럼 그늘에 숨어 자신의 존재를 감추려는 것도 경계할 때 하는 기본적인 행동이다.

순간 포착 02

왜 그러는 걸까?
어머나, 나뭇가지인 줄 알았는데?

해오라기

그 이유는…

해오라기에 관해
더 알고 싶다면!
▶144쪽

해오라기의 유조가 위장을 하고 숨어 있다

해오라기의 유조(새끼새)는 몸을 빳빳하게 세워 나뭇가지로 위장한다. 야행성인 이 새는 낮에는 침침한 숲이나 덤불 등에서 휴식을 취한다. 하지만 밤이 되면 먹이를 잡기 위해 활발히 활동한다. 먹잇감을 발견하면 주특기인 목을 길게 빼서 나뭇가지로 의태한다. 유조는 겉모습만 보면 성조(어른새)와 다른 종으로 착각하기 쉽다. 하지만 유조와 성조 모두 나뭇가지로 의태하는 데 최적화된 깃털을 지녔다.

해오라기의 유조는 3년 정도 지나면 성조와 같은 색의 깃털을 갖게 된다.

'의태' 능력이 뛰어난 새들

　의태는 동물이 천적으로부터 몸을 보호하고, 먹잇감을 쉽게 잡아먹기 위해 몸의 색이나 형태를 주변환경이나 동식물과 비슷하게 만드는 행동이다. 곤충류와 카멜레온이 대표적인 위장 동물로 알려져 있지만, 조류 중에서도 쉽게 찾아볼 수 있다. 의태는 크게 표식형과 은폐형으로 나뉘는데, 의태 기술이 뛰어난 새들은 은폐형이 주류를 이룬다. 37쪽에서 보았던 해오라기의 유조와 마찬가지로 덤불해오라기, 검은댕기해오라기 등 백로과는 적에게 노출되면 목과 몸을 최대한 가늘고 길게 늘인 채 가만히 있는다. 깃털 색도 한몫하여 주변환경에 완전히 녹아들 수 있다. 은폐형 의태의 포인트는 가만히 서서 움직이지 않는 것이다. 이에 반해 표식형 의태는 움직임이 중요하다. 남아메리카 아마존강 유역 열대 삼림에는 산적딱새과에 속하는 새들이 서식한다. 특히 'Cinereous Mourner'라고 불리는 새의 새끼는 독을 지닌 애벌레로 보인다. 어린 새는 화려한 주황색의 복슬복슬한 솜털을 지녀 정말 독성이 있는 애벌레로 보인다. 그리고 머리를 좌우로 흔드는 특이한 움직임을 선보인다. 이러한 천재적인 위장술 덕분에 덩치 큰 동물들은 이 새를 잡아먹지 않고 피한다.

백로과의 알락해오라기는 목을 늘이면 놀라울 정도로 가늘고 길어진다. 깃털 색과 비슷한 갈대밭에 숨어 마른 갈대로 의태한다.

느시과에 속하는 느시는 하늘을 나는 새 중에서 몸무게가 가장 많이 나간다. 등쪽 깃털 색이 주변환경과 쉽게 녹아들어 천적을 피해 여유롭게 쉴 수 있다.

흰물떼새의 의태 순간 포착

상공에 떠 있는 적의 눈을 속인다

흰물떼새
▶145쪽

흰물떼새는 모래사장을 좋아한다. 주로 모래사장에 배를 대고 웅크리고 앉아 모래나 조약돌로 의태하여 쉰다. 흰물떼새는 흰 바탕에 회색 무늬가 섞여 있는 깃털 색을 가지고 있어 하늘에서 보면 모래사장과 구분이 안 될 정도로 눈에 띄지 않는다.

감쪽같아! 뛰어난 위장술을 가진 새들

나무발발이 ▶153쪽

나무발발이는 평지 및 산지 침엽수림 등에 서식하는 텃새(또는 겨울철새)다. 나무줄기에 붙어 잽싸게 이동한다고 해서 '나무발발이'라는 이름이 붙었다. 보호색이 되는 깃털은 나무와 하나가 되어 주변환경에 녹아든다.

주위환경과 비슷해 보이도록 위장한다

쏙독새 ▶160쪽

위의 사진에서 쏙독새를 찾을 수 있는가? 아마 바로 알아보기 힘들 수도 있다. 쏙독새는 낮은 산지의 숲이나 덤불에 사는 흔한 여름새다. 낮에는 어두운 숲속이나 우거진 나뭇가지에 숨어 있고, 보호색을 띠고 있기 때문에 언뜻 보기에 새인지 나뭇가지인지 구별하기 어렵다. 조류 전문가조차도 한 눈에 발견하기가 쉽지 않다. 그래서 쏙독새는 위장술의 귀재로 알려져 있다.

COLUMN

올빼미는 찾기 쉽다?

'숲의 현자'라고도 불리는 올빼미, 사람들은 이 새를 떠올릴 때 흔히 깊은 숲속에 있는 모습을 상상한다. 하지만 올빼미는 종종 사찰이나 고궁 등 의외로 가까운 곳에서 모습이 목격되기도 한다.

앞에서 몸을 세워 긴 형태의 나뭇가지로 의태하는 해오라기를 소개했다. 이와 달리 올빼미류는 경계할 때 보이는 행동 유형이 종에 따라 매우 다양하다. 올빼미는 야행성이라 낮에는 숲속에서 쉬는 경우가 많은데, 종종 탁 트인 곳에 머물기도 해서 집중해서 찾아보면 비교적 쉽게 발견할 수 있다. 아래 사진의 솔부엉이도 그렇다. 여름새인 솔부엉이는 전국 어디서나 볼 수 있으며 '호호, 호호' 하고 규칙적으로 반복하는 특유의 울음소리를 낸다. 우리나라에서 번식하기 때문에 아래 사진에서처럼 어미와 새끼가 함께 있는 모습도 관찰할 수 있다. 솔부엉이는 추워지면 동남아시아로 남하하여 겨울을 난다.

솔부엉이
▶158쪽

부엉이는 올빼미목 올빼미과에 속하는 동물 중 부엉이라 불리는 새들을 통틀어 말한다. 올빼미와 부엉이의 큰 차이점이라면 귀깃을 들 수 있다. 부엉이는 머리에 귀처럼 튀어나온 깃털이 있지만 올빼미는 없다. 이러한 깃털을 '귀깃' 또는 '귀뿔깃'이라고 한다. 다만 모든 부엉이가 귀깃이 있는 것은 아니다. 솔부엉이는 귀깃이 없어 머리가 둥글지만 부엉이로 불린다. 귀깃은 의태와 관련이 있다고 한다.

순간 포착 **03**

왜 그러는 걸까?
날개를 파닥이고 있네…
다치기라도 한 걸까!?

흰물떼새

그 이유는…

흰물떼새에 관해
더 알고 싶다면!
▶145쪽

흰물떼새가 적의 주의를 끌기 위해 다친 척 눈속임 행동을 한다

새끼를 돌보는 어미는 둥지 근처에 천적이 나타나면 일부러 다친 척을 하며 적을 둥지에서 멀리 떨어진 곳으로 유인한다. 이것을 '눈속임 행동'이라고 한다. 어미는 우선 적의 주의를 돌릴 만한 곳으로 가서 상처 입어 날지 못하는 것처럼 날갯짓을 한다. 적이 자신에게 다가오면 몸을 피해 조금 앞으로 날아간다. 그리고 나아가기를 계속 반복한다. 마침내 적이 둥지에서 충분히 멀어지면 그제야 어미는 도망쳐 모습을 감춘다.

MEMO 눈속임 행동은 물떼새, 오리, 깝작도요, 종다리, 꿩 등 주로 땅 위에 둥지를 짓는 새가 하는 행동이다. 구애나 위협과는 다른 과시의 일종이다.

두루미의 눈속임 행동은 특히 박력이 있다. 두루미과 중 가장 작은 종인 쇠재두루미도 눈속임 행동으로 새끼와 둥지를 보호한다.

쇠재두루미 ▶159쪽

꼬마물떼새의 눈속임 행동 포착

까마귀
▶148쪽

까마귀의 주의를 끌려고
애를 쓰는 꼬마물떼새 어미

하지만 무시당했다…

까마귀는 다른 새의 알이나 새끼를 잡아먹기 때문에 요주의 대상이다. 위의 사진에서 까마귀의 주의를 끌려는 꼬마물떼새 어미의 처절한 몸짓이 안쓰럽다. 하지만 까마귀는 관심이 없어 보인다. 까마귀는 배가 고프지 않거나 어미새의 연기를 알아챈 모양이다.

꼬마물떼새
▶153쪽

꼬마물떼새는 강가나 해변의 자갈밭에 작은 돌을 모아 둥지를 짓는다. 언뜻 단순해 보이지만 알이 깨지지 않도록 그 주변에 작은 돌을 정성껏 쌓는다. 알은 자갈과 같은 무늬라 구별하기 힘들다.

눈속임 행동을 하는 어미새를 만나면, 스트레스를 받지 않도록 빠르게 그 자리를 떠나도록 하자.

새들이 새끼를 보호할 때 하는 행동

깃털 속에 넣는다

장다리물떼새
▶162쪽

태어난 지 얼마 안 된 새끼는 보송보송한 솜털로 둘러싸여 있다. 15일 정도 지나면 솜털이 차츰 깃털로 바뀐다.

장다리물떼새 새끼는 알을 깨고 나와 몇 시간만 지나면 스스로 먹이를 찾아 먹을 수 있다. 하지만 새끼의 몸은 온도가 쉽게 떨어지기 때문에 어미의 깃털 아래에서 따뜻하게 보호받는다. 그동안 수컷은 주변 경계를 담당한다. 수컷은 천적이 나타나면 관심을 돌리려 둥지를 벗어나 다친 척하거나 소리를 지르기도 한다. 장다리물떼새는 수컷과 암컷이 번갈아가며 공동육아를 하는데, 분명한 역할 분담은 없는 것 같다.

순간 포착 04
왜 그러는 걸까?
발레리나 같은 자세를 취한다

그 이유는…

왜가리

왜가리에 관해 더 알고 싶다면!
▶ 145쪽

왜가리가 기생충을 없애기 위해 일광욕 중이다

사람이 몸을 청결하게 유지하려고 하는 것처럼 새도 깨끗한 것을 좋아한다. 새는 깃털 속에 숨어 있는 기생충을 없애기 위해 일광욕을 한다. 실제로 새의 깃털에 붙어 있는 이는 강한 햇빛에 노출되면 죽을 확률이 높다는 연구 결과가 있다. 많은 새가 날개를 고르는 행동과 더불어 일광욕을 하는데, 햇빛을 쬐는 자세는 단연코 왜가리가 가장 인상적이다.

 새의 몸에 기생충이나 먼지가 붙으면 병에 걸리기 쉽다. 또한 깃털의 보온성과 방수성의 기능도 떨어진다.

왜가리가 날개를 삼각형으로 펼쳐 가슴을 열고 햇빛을 쬐고 있다. 몇 번을 보아도 인상적이다!

새들의 일광욕 현장 포착

멧비둘기 ▶150쪽

백할미새 ▶149쪽

솔개 ▶158쪽

새들이 기생충을 제거할 때 하는 행동

물 목욕을 한다

제비
▶163쪽

콩새
▶164쪽

따오기
▶155쪽

저마다 다른 목욕 풍경. 제비는 날다가 순간적으로 물에 내려앉기를 반복하며 목욕을 한다.

새들에게 깃털 관리는 생명과 직결되는 중요한 행동이다. 그래서 새들은 1년 내내 계절에 관계없이 깃털에 붙은 기생충과 먼지, 오물 등을 떼어내기 위해 목욕을 한다. 특히 일생 동안 털갈이를 하지 않는 분면깃을 지닌 종일수록 목욕을 자주 한다고 한다. 분면깃이란 깃털의 앞끝이 갈라져서 매우 작은 각질 가루가 되는 것을 말한다. 그래서 왜가리나 비둘기가 목욕한 후에는 물이 더러워지기도 한다.

새들이 기생충을 제거할 때 하는 행동

모래 목욕을 한다

참새
▶146쪽

참새는 물과 모래를 이용해 목욕을 한다. 공원의 나무 아래나 화단에서 정체불명의 작은 구덩이를 발견했다면, 참새가 모래 목욕한 흔적이다.

황조롱이
▶166쪽

황조롱이의 모래 목욕. 공중에서 정지비행을 하다 먹잇감을 발견하면 급강하하여 먹이를 잡는 사냥꾼인 황조롱이도 모래 목욕을 좋아하는 새 중 하나다.

　모래 목욕은 물 목욕과 마찬가지로 깃털을 깨끗하게 하기 위한 행동이다. 모래나 흙을 깃털 사이로 끼얹어 문지르면 피부에 붙은 기생충이 제거되고, 깃털도 청결하게 유지할 수 있다. 머리나 몸을 모랫바닥에 문지르거나 날개를 펼치고 퍼덕이는 등 새들은 모래 목욕을 하면서 다양한 몸짓을 보여준다.

새들이 기생충을 제거할 때 하는 행동

그 밖에 다양한 목욕법

바람을 쐰다

큰부리까마귀
▶149쪽

비를 맞는다

잣까마귀
▶162쪽

목욕탕 굴뚝에 모여 바람을 쐬는 큰부리까마귀와 도랑에서 비를 맞으며 목욕을 하는 잣까마귀.

  몇몇 새들은 비나 바람, 드물게는 개미를 이용해 목욕하기도 한다. 개미 목욕을 하는 새는 개미집 근처에 자리를 잡고 날개와 꼬리를 땅에 닿도록 길게 펼친다. 개미가 몸에 기어 올라오면 포름산(개미산)을 분비하도록 놔둔다. 포름산에는 소독과 항균 효과가 있기 때문에 새의 깃털과 피부에 기생하는 진드기와 세균을 퇴치할 수 있다. 우리나라에 서식하는 새 중에는 큰부리까마귀, 물까치, 어치, 멧새 등이 개미 목욕을 하는 것으로 알려져 있다.

이 행동의 진짜 목적은 '깃털 말리기'

아래 첫 번째 사진을 보자. 민물가마우지가 마치 지휘하듯 날개를 펼치고 서 있다. 왜가리의 일광욕 자세와 비슷하지만, 목적이 다르다. 이 행동의 진짜 목적은 젖은 깃털을 말리기 위해서다. 잠수해서 물고기를 잡는 물새 중에 이러한 자세를 취하는 새는 민물가마우지뿐이다. 이러한 자세는 가마우지의 몸 구조와 관계가 있다. 새는 '미지선' →54쪽 참고 이라는 부위에서 나오는 기름을 부리에 묻혀 몸과 날개에 바른다. 이렇게 하면 깃털이 방수 기능을 하여 물에 쉽게 뜰 수 있다. 하지만 부력이 강해져 깊은 곳까지 잠수하지 못한다. 이와 달리 가마우지류는 미지선이 퇴화해 깃털의 방수력은 좋지 않지만, 다른 물새나 오리류에 비해 물속 깊이 잠수할 수 있다. 여러 번의 잠수로 온몸이 젖어버리면 체온을 유지하기 어렵고, 하늘을 날 수 없다. 그래서 가마우지는 깃털을 완전히 말리기 위해 날개를 쫙 펼치는 자세를 취한다.

> 더 알아보기　새가 하는 기본적인 행동

① 깃털 고르기 / 머리 긁기

새가 날개를 손질하는 행동을 일반적으로 '깃털 고르기'라고 한다. 지금부터 새가 깃털을 고르는 이유를 알아보고, 종에 따라 깃털을 어떻게 고르는지 자세히 살펴보자.

깃털을 다듬지 않는 새는 없다

새는 어떤 행동을 하며 하루를 보낼까? 대부분 먹이를 찾거나 쉬고, 깃털을 다듬는다. 새에게 깃털을 다듬는 행동은 살아가는 데 빼놓을 수 없는 중요한 일이다. 특히 날개의 깃털이 휘거나 더러워지면 잘 날지 못하게 된다. 그러면 언제 나타날지 모르는 천적으로부터 도망칠 수도 없다. 도망치기에 실패한다는 것은 곧 죽음을 의미하므로 깃털을 다듬는 일은 절대 게을리할 수 없다.

깃털 고르기는 주로 부리를 이용한다. 새는 목을 180도(올빼미의 경우 270도) 돌릴 수 있어서 몸 뒤쪽으로도 고개를 돌려 등의 깃털까지 정성스럽게 다듬는다. 부리가 닿지 않는 목이나 머리는 발가락을 사용한다. 이것이 바로 '머리 긁기'라는 행동인데, 이 행동도 깃털을 고르는 방법 중 하나다.

새들은 몸에 물이나 오염물질이 묻지 않도록 온몸 구석구석에 기름이나 가루를 바르면서 깃털을 고른다. 기름은 꼬리깃이 시작되는 부분에 있는 '미지선'에서 분비된다. 미지선은 거의 모든 새에게 있지만, 특히 물새들에게 잘 발달되어 있다. 가루를 바르는 새로는 왜가리와 비둘기, 올빼미류가 있으며, 이들은 깃털의 앞쪽 끝부분이 갈라져 가루가 되는 분면깃을 갖고 있다.

제비
▶163쪽

미지선을 이용해 깃털을 고르는 사다새

미지선에서 나오는 기름을 부리에 묻혀 깃털 곳곳에 바르는 사다새. 동물원에서 대형 새를 본다면, 깃털 고르는 모습을 유심히 관찰해 보자. 미지선의 위치를 확인할 수 있다.

큰사다새 ▶165쪽

민물가마우지 ▶146쪽

새가 머리를 긁는 방법

새가 머리를 긁는 방법에는 발을 구부려 직접 긁는 '직접법'과 날개를 내리고 그 틈으로 발을 내밀어 긁는 '간접법'이 있다. 종에 따라 다르지만, 대형 새는 직접법을 주로 사용한다. 반면 참새목으로 분류되는 소형 새는 발이 머리에 닿지 않아 간접법을 사용한다. 물론 두 방법 모두 활용하는 새도 있다.

더 알아보기 새가 하는 기본적인 행동

- **직접법을 사용하는 새**

괭이갈매기, 물닭, 흰뺨검둥오리, 민물가마우지, 꿩, 멧비둘기, 황새, 매 등

- **간접법을 사용하는 새**

오목눈이, 방울새, 물총새, 박새, 콩새, 흰물떼새, 참새, 밭종다리, 제비, 큰부리까마귀 등

- **두 방법을 모두 활용하는 새**

간접법을 사용하는 제비(비행 시)와 큰부리까마귀는 상황에 따라 직접법을 사용하기도 한다.

간접법
참새
▶146쪽

직접법
쇠백로
▶147쪽

직접법
해오라기
▶144쪽

직접법
갈색얼가니새
▶151쪽

- **가운뎃발가락의 빗 모양 발톱**

왜가리과는 사람의 가운뎃손가락에 해당하는 가운뎃발가락의 발톱이 빗 모양이다. 이처럼 빗 모양 발톱을 지닌 새들은 머리를 긁을 때 발톱을 사용한다. 또한 분면깃의 가루를 모아 깃털에 바를 때도 발톱은 꽤 유용하게 쓰인다. (→54쪽 참고)

쇠백로

갈색얼가니새

직접법
고니
▶152쪽

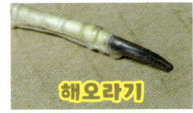
해오라기

② 스트레칭

깃털을 고르는 것과 마찬가지로 새들이 매일 빼놓지 않고 하는 행동이 있다. 바로 스트레칭이다. 새들의 스트레칭 순서와 방식은 종에 상관없이 서로 매우 비슷하다. 인기 있는 자세도 있다!

관리와 휴식

스트레칭은 근육을 이완시켜 유연성을 높이고 관절의 가동 범위를 넓힌다. 새도 스트레칭을 매일 잊지 않고 하는데, 그중에서도 '날개 스트레칭'이 매우 중요하다. 새들은 날기 전이나 후에 날개를 스트레칭하여 컨디션을 조절한다.

새의 날개 스트레칭 자세 중 '기지개 켜기 자세'가 있다. 한쪽 날개를 쭉 펼쳐 내리면서 동시에 펼친 날개 쪽 다리를 가볍게 드는 자세다. 또 다른 하나는 양쪽 날개를 동시에 펼쳐 뒤쪽으로 뻗는 자세다. 그 모습이 마치 천사를 연상시킨다고 해서 '에인절 자세'라고 한다. 새는 보통 쉴 때 스트레칭을 하는데, 사람과 마찬가지로 생리적·심리적 안정성을 유지하는 효과가 있다.

양쪽 날개를 동시에 펼쳐 스트레칭을 하는 참새.

참새
▶146쪽

| 더 알아보기 | 새가 하는 기본적인 행동 |

기지개 켜기 자세

에인절 자세

참새
▶146쪽

오스트레일리아
사다새
▶161쪽

사다새의 놀라운 스트레칭

새는 날개 스트레칭만 하는 것이 아니다. 오리류와 백조류는 목과 부리를 쭉 늘이는 스트레칭을 한다. 위의 사진 속 오스트레일리아사다새처럼!

순간 포착 05

왜 그러는 걸까?
애써 먹은 열매를 토해낸다!

그 이유는…

딱새

딱새에 관해 더 알고 싶다면!
▶ 145쪽

딱새가 소화시키지 못한 씨앗을 뱉어내고 있다

새는 이가 없기 때문에 먹이를 씹지 않고 통째로 삼킨다. 그래서 소화시키지 못한 동물 뼈나 털 등이 덩어리로 뭉쳐지는데, 이것을 '펠릿(pellet)'이라고 한다. 새들은 먹이 활동을 한 후, 시간이 지나면 부리 밖으로 펠릿을 뱉어낸다. 딱새가 뱉어낸 열매처럼 보이는 물체가 펠릿이다. 대부분 딱딱한 씨앗이지만, 어류나 소형 동물을 먹는 새의 펠릿은 젤라틴 형태의 점액으로 굳어 있다. 그래서 펠릿을 보면 그 새가 무엇을 먹었는지 알 수 있다.

 MEMO 새가 펠릿을 뱉어낼 때는 입을 벌리고 하품하는 듯한 행동을 반복한다. 소화시키지 못한 뼈나 깃털 등이 많은 새는 힘을 들여 펠릿을 뱉어낸다.

주로 물고기를 먹는 세가락도요가 펠릿을 뱉는 순간이다. 기분이 좋아 보인다.

세가락도요
▶158쪽

물총새의 펠릿 현장 포착

펠릿을 뱉을 때는 힘이 들어가는지 순막(깜박눈꺼풀)이 자주 나온다.

> 물총새
> ▶147쪽

물총새의 펠릿

물총새가 힘겹게 뱉은 펠릿에는 소화시키지 못한 어류의 뼈나 비늘, 곤충의 날개와 다리 등이 가득하다. 오른쪽 사진은 건조하여 모양이 부서진 상태의 펠릿이다. 무엇을 먹었는지에 따라 펠릿의 색도 다르다.

지금 뭘 하는 거야?!

펠릿에 먹이가 있어…!?

까마귀
▶148쪽

까마귀는 펠릿(자신의 것인지, 다른 새의 것인지 확실하지 않음)에서도 먹이를 찾아낸다.

배설물에서 먹이를 찾는 큰부리까마귀

까마귀는 청소부 동물로 동물의 사체를 먹는다. 물론 동물의 배설물도 먹이가 된다. 왼쪽 사진에서 까마귀는 소의 분변 속에 있는 벌레를 먹고 있다.

순간 포착 06

왜 그러는 걸까?
지금 싼 것이 똥이야? 아니면 오줌이야?

직박구리

직박구리에 관해 더 알고 싶다면!
▶ 146쪽

그 이유는…

직박구리뿐만 아니라 모든 새는 똥과 오줌을 동시에 배출한다

새는 하늘을 날기 위해서 몸을 항상 가벼운 상태로 유지해야 하기 때문에 신호가 올 때마다 배설물을 배출한다. 그래서 새의 몸에는 똥과 오줌을 저장하는 공간이 없다. '총배설강'이라는 곳을 통해 똥과 오줌을 함께 내보낸다. 새의 오줌에는 요산이라는 유기화합물이 포함되어 있다. 요산은 새의 몸에서 암모니아와 같은 독성이 생기면 배출되는 물질로, 하얀색 결정 형태를 띠고 있다. 새의 배설물이 흰색으로 보이는 것도 이 때문이다.

똥과 오줌을 배설할 때 꽁지깃이 올라간다

딱새
▶145쪽

민물가마우지
▶146쪽

새들의 배설 현장 포착

물수리 ▶155쪽

왜가리 ▶145쪽

홍여새 ▶166쪽

새의 똥을 보면 알 수 있는 것

새는 하늘을 날기 위해 많은 에너지가 필요하다. 겨울에는 특히 체온을 유지하기 위해 더 많은 에너지를 소모하기 때문에 계속해서 영양분을 섭취해야 한다. 그런데 먹은 것을 그대로 몸 안에 유지하면 몸이 무거워져서 날 수 없다. 같은 종의 새들은 체격이 거의 비슷한데, 그 이유는 먹이를 먹으면 바로 배출하는 것이 기본이기 때문이다. 펠릿을 포함한 배설물을 통해 새들이 무엇을 먹었고, 언제 배설했는지 그리고 섭취한 먹이의 생태환경은 어떤지와 같은 다양한 사실을 알 수 있다. 덧붙이자면, 새의 배설물에서 흰색으로 보이는 부분이 오줌이고 그것에 섞여 있는 것이 똥이다.

물총새는 주로 자신이 좋아하는 장소에서 배설한다. 물총새의 배설 현장은 한눈에 알아볼 수 있다.

알을 품고 있는 멧비둘기가 꽤 오래 참았다가 싼 똥이다. 보통 새똥 굵기는 15mm 정도인데 이것은 무려 45mm나 된다!

홍여새가 즐겨 먹는 겨우살이 열매는 점성이 강하다. 그래서 홍여새의 배설물은 나뭇가지에 매달린 채 →65쪽 참고 발아하고 성장한다. 위의 사진은 벚나무에 기생하는 겨우살이다.

민물가마우지가 열을 내보내 체온을 낮추고 있다

인간은 땀을 흘려 체온을 조절하지만, 새는 열을 내보내 체온을 조절하는 쪽으로 진화했다. 새는 더위를 견디기 위해 체온을 낮추는 방법으로 입을 벌린다. 입을 벌려, 수분을 증발시키면서 그 기화열로 체온을 내린다. 민물가마우지가 입을 벌리고 목을 가늘게 떠는 행동은 입으로 열을 내보내기 위해서다.

> **MEMO** 백로과에 속하는 새들도 목을 떠는 행동을 함으로써 체온을 낮춘다. 이는 개가 더울 때 체온을 조절하기 위해 입을 벌리고 가쁘게 호흡하는 것과 같은 행동이다.

땀이 흐를 정도로 무더위가 기승을 부리는 날이면 이렇게 입을 벌린다.

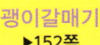
괭이갈매기
▶152쪽

새들이 더위를 피할 때 하는 행동

그늘 아래로 들어간다

까마귀
▶148쪽

물 목욕을 한다

방울새
▶156쪽

참새
▶146쪽

동박새
▶154쪽

　새는 일광욕을 하며 깃털을 건조시키기 때문에 햇빛은 위생 관리에 꼭 필요한 요소다. 하지만 햇빛도 정도가 지나치면 새의 체력을 빼앗는 적이 된다. 그럴 때는 까마귀처럼 그늘 밑으로 들어가 꼼짝하지 않고 시간을 보내는 방법이 최고다! 또한 깃털에 달라붙은 기생충이나 오물을 제거하기 위한 물 목욕도 더운 여름철에 체온을 낮추는 데 매우 효과적이다.

입을 벌려 열을 내뿜는 새들

왕눈물떼새 ▶161쪽

까마귀 ▶148쪽

제비 ▶163쪽

순간 포착 08

왜 그러는 걸까?
겨울이 되면 왜 더 동글동글해지는 걸까?

그 이유는…

참새

참새에 관해 더 알고 싶다면!
▶146쪽

겨울이 되면 참새는 깃털 속에 공기층을 만들어 체온을 유지한다

우리 주변에서 흔히 볼 수 있는 참새는 겨울이 되면 몸집이 부풀어 동그란 몸이 더 빵빵해진다. 이처럼 새가 깃털을 부풀리는 행동을 하는 것은 체온 저하를 막기 위해서다. 몸을 더욱 동그랗게 움츠려 차가운 공기가 몸에 닿는 것을 최소화한다. 그리고 깃털 사이에 따뜻한 공기를 보관해 보온 효과를 높인다. 우리 눈에는 그저 귀여워 보이지만, 사실은 가혹한 계절을 어떻게든 이겨내려는 참새의 생존법이다.

 일본에서는 겨울철에 동그랗고 빵빵하게 부푼 참새를 복을 부르는 행운의 상징으로 여긴다.

체온을 유지하기 위해 몸을 부풀린 채 먹이를 찾고 있는 세가락도요.

세가락도요
▶158쪽

새들이 체온 유지를 위해 하는 행동

부리를 깃털 속에 파묻는다

청둥오리
▶164쪽

부리를 깃털 속에 파묻고 자는 것을 '배면(背眠)'이라 한다.

물새의 다리는 차가운 물속에서도 체온을 빼앗기지 않는 구조여서 비교적 추위를 느끼지 않지만, 부리는 외부에 노출되면 체온이 쉽게 낮아진다. 부리에는 혈관이 있기 때문에 등 쪽 깃털 속에 부리를 파묻으면 보온 효과를 꽤 높일 수 있다.

새들이 체온 유지를 위해 하는 행동

한 발로 선다

큰뒷부리도요
▶164쪽

긴 부리를 깃털 속에 파묻고 한 발로 서 있는 큰뒷부리도요. 보온을 위해 만반의 준비를 하는 모습이다.

한 발로 서는 새로는 플라밍고가 유명하지만 다른 새들도 종종 한 발로 선다. 물속이나 땅 위뿐 아니라 나뭇가지에서 쉬는 새도 한 발로 서는 자세를 취한다. 이때 한쪽 다리는 복부 쪽 깃털 속에 넣어 열이 빠져나가는 것을 막는다.

순간 포착 09

왜 그러는 걸까?
물 위를 달린다!

물닭

물닭에 관해 더 알고 싶다면!
▶147쪽

그 이유는…

물닭의 발은 몸무게를 분산시켜 물에 잘 가라앉지 않는다

물닭의 발을 '판족'이라고 한다. 판족은 발가락 전체가 하나로 연결된 물갈퀴가 아닌 각각의 발가락에 독립된 막이 있다. 물닭은 헤엄칠 때 발로 밀어내듯이 물을 차서 물의 저항을 키워 추진력을 얻는다. 물 위를 달릴 때도 발로 물을 밀어내며 앞으로 나아간다. 판족은 물닭뿐만 아니라 논병아리과도 지니고 있다.

물닭은 잠수 실력이 뛰어나 맹금류에게 공격을 받으면 바로 물속으로 숨는다.

물 위를 달리는 새들

　물가에 서식하는 물새들은 물 위에서나 물속에서 헤엄치기가 용이한 발 구조를 가지고 있다. 물새의 발은 물갈퀴가 달린 발가락인 '복족'을 가진 종과 각각의 발가락에 독립된 막이 달린 '판족'을 가진 종으로 나뉜다.

　또한 물새는 수면에서 날아오를 때 도움닫기를 한다. 논병아리, 고니, 물닭, 흰눈썹뜸부기 등은 아래 사진의 바다비오리처럼 발을 번갈아가며 달린다. 반면, 가마우지나 사다새과는 두 다리를 가지런히 모으고 뛰어오른다.

바다비오리

가마우지

> 더 알아보기　새가 하는 기본적인 행동

③ 땅 위에서 이동하기

새가 땅 위에서 이동할 때 사용하는 방법은 두 가지로 나눌 수 있다. 그 차이점에 대해서 알아보자.

종에 따라 이동 방법이 다르다

새는 땅 위에서 이동할 때 두 가지 방법을 사용한다. 한 가지는 사람과 마찬가지로 한 발씩 교대로 내딛는 '걷기' 방법이다. 비둘기, 꿩, 찌르레기, 닭, 할미새, 종다리, 왜가리, 도요새, 물떼새 등이 이 방법으로 이동한다.

다른 한 가지는 두 다리를 모으고 튀어 오르듯 이동하는 '호핑' 방법이다. 참새목 중 까마귀과, 할미새과, 종다리과, 찌르레기과를 제외하고 대부분의 새들이 호핑 방법으로 이동한다.

까마귀는 두 방법을 모두 사용한다. 무언가를 할 때는 걷기를 하고, 단순히 이동할 때는 호핑을 하거나 한 발짝씩 번갈아가며 깡충깡충 뛰기도 한다. 먹이를 잡을 때는 주로 걷기 방법을 사용하는데, 큰부리까마귀는 호핑 방법을 사용한다. 큰부리까마귀의 먹이 활동 유형은 땅 위를 돌아다니며 먹이를 찾기보다는 공중에서 먹이를 찾고, 땅으로 내려와 잽싸게 낚아채는 쪽이기 때문이다.

걷기
백할미새 ▶149쪽
찌르레기 ▶164쪽

호핑
참새 ▶146쪽
바다직박구리 ▶156쪽

사실 비둘기의 걸음걸이는…

 우리는 비둘기가 목을 앞뒤로 까닥까닥 흔들며 걷는 것을 자주 본다. 그런데 1930년 영국의 한 연구를 통해 '비둘기 걸음걸이의 비밀'이 밝혀졌다. 비둘기가 걸을 때 옆에서 초당 30컷씩 촬영을 하고 그 움직임을 해석한 결과에 따르면, 비둘기는 먼저 머리를 몸 앞으로 미는 듯한 동작을 한다. 그리고 머리를 그 위치에 고정한 채 몸을 앞으로 이동한 다음, 다시 머리를 내밀고 몸을 이동하는 움직임을 반복했다. 다시 말해 목을 흔드는 것이 아니라 목을 민 상태로 고정하고 몸을 움직이며 걷는다. 비둘기가 이렇게 걷는 이유는 눈이 머리 옆면에 붙어 있어서 시야를 가능한 한 고정하여 주위를 살피기 위함이다.

> 더 알아보기 | 새가 하는 기본적인 행동

④ 물 마시기

새가 물을 마시는 방법에는 세 가지 유형이 있다. 그중에서 비둘기과는 꽤 특이한 방법으로 물을 마신다.

새는 부리에 물을 담은 후 고개를 들어 위로 향하게 한다

새는 먹이를 통해 수분을 섭취하지만, 그것만으로는 부족하여 따로 물을 마셔 보충한다. 대부분 부리에 물을 머금은 다음, 고개를 위로 들어 물이 목 안으로 흘러내리게 한다.

반면, 제비나 칼새는 날면서 물 표면에 입을 대고 마신다. 비둘기는 고개를 숙이고 물을 홀짝홀짝 마신다. 이러한 행동은 비둘기 외에 극소수의 새들만 할 수 있는 방법이다.

순간 포착 10

왜 그러는 걸까?
공중에서 정지비행을 한다?

물총새

물총새에 관해 더 알고 싶다면!
▶147쪽

그 이유는…

물총새가 정지비행(호버링)을 하면서 먹이를 찾고 있다

'물가의 보석'이라 불리는 물총새는 뛰어난 사냥꾼이다. 물총새는 물가 근처에 있는 나뭇가지나 바위에 앉아 물속을 노려보다가 먹이를 발견하는 즉시 물속으로 뛰어든다. 공중에서 정지비행을 하다 곧바로 물속으로 뛰어들어 사냥감을 낚아채기도 한다. 물총새의 정지비행은 물총새가 사냥감에 시선을 고정하기 때문에 머리의 위치가 움직이지 않아 마치 공중에 정지한 것처럼 보이는 것이다.

MEMO 새가 바람을 타고 공중의 한 지점에 머무르는 것을 '정지비행' 또는 '호버링'이라 한다. 주로 먹잇감을 탐색할 때 정지비행을 하며, 소형 새부터 대형 새에 이르기까지 다양한 종이 정지비행을 한다.

동박새가 정지비행을 하면서 나무에 있는 깍지벌레를 먹고 있다.

동박새
▶154쪽

재갈매기의 정지비행 현장 포착

수면에서 정지비행을 하다가 물속에 있는 먹잇감에게 뛰어드는 재갈매기.

재갈매기
▶163쪽

물수리의 정지비행 현장 포착

물수리의 정지비행과 사냥 현장. 물수리의 발가락은 앞뒤로 두 개씩 벌어져 있어 물고기를 단단히 움켜잡을 수 있다.

물수리
▶155쪽

순간 포착 11

왜 그러는 걸까?
물속에서 한쪽 발을 부들부들 떤다

쇠백로

쇠백로에 관해 더 알고 싶다면! ▶147쪽

그 이유는…

쇠백로가 물속에서 발을 흔들며 먹잇감을 유인하고 있다

쇠백로는 수서식물 사이에 숨어 있는 곤충이나 물고기를 유인하기 위해 자신의 발을 물속에서 좌우로 흔든다. 이 밖에도 부리 끝을 수면에 대고 살살 움직여 물결을 일으키거나 날개를 펼치고 수면을 이리저리 돌아다니며 먹이를 잡기도 한다. 이처럼 백로과는 독자적인 방법으로 먹이 활동을 하기로 유명하다.

MEMO 백로과는 물속에 있는 먹잇감의 미세한 움직임까지 포착할 정도로 시력이 좋다. 또한 먹잇감을 발견하는 즉시 번개처럼 빠르게 움직이는 긴 부리와 목, 다리를 지녔다. 이 과에 속하는 새들은 동물성 식성으로 개구리, 물고기 외에도 뱀이나 들쥐 등 폭넓게 섭취하기 때문에 다양한 사냥법을 구사한다.

민물가마우지는 집단 사냥에 뛰어나다. 집단으로 강의 하류와 상류를 오가며 물고기를 얕은 여울로 몰아넣고 잡아먹는다.

민물가마우지
▶146쪽

민물가마우지의 집단 사냥

새들이 먹이 활동 할 때 하는 행동

넓적부리
▶153쪽

집단으로 소용돌이를 일으키다

물구나무 자세를 하다

흰뺨검둥오리
▶167쪽

청둥오리
▶164쪽

고니
▶152쪽

넓적부리는 집단으로 수면을 빙글빙글 돌며 소용돌이를 일으킨다. 시간이 지나 물 위에 떠오른 플랑크톤이나 수초를 먹는다. 이 행동은 구애를 할 때도 볼 수 있다. 한편 수면성 오리류나 고니류는 머리를 물속에 깊숙이 박고, 물구나무 자세로 줄풀 뿌리와 수초를 먹는다.

새들이 먹이 활동 할 때 하는 행동

돌을 뒤집는다

까마귀
▶148쪽

땅이나 나무줄기를 쫀다

쇠딱따구리
▶159쪽

큰뒷부리도요
▶164쪽

　까마귀는 먹이를 찾기 위해 땅이나 물속에 있는 돌을 부리로 뒤집고 다닌다. 돌 밑에 숨어 있는 작은 생물을 먹기 위해서다. 한편 딱따구리는 나무줄기를 쪼아 곤충을 찾고, 도요새는 긴 부리를 이용해 땅속에 숨어 있는 게나 수생생물을 찾아 먹는다.

해오라기의 먹이 활동 현장 포착

1

2

3

4

해오라기
▶144쪽

검은댕기해오라기의 루어 낚시

검은댕기해오라기는 '루어 낚시'를 즐긴다. 루어 낚시란 나뭇잎이나 열매, 잔가지 등을 물에 띄워 물고기가 이를 먹이로 알고 물 위로 올라오는 순간, 그 물고기를 재빠르게 잡아먹는 사냥법이다. 오른쪽 사진 속 해오라기는 빵 부스러기에 모여든 작은 물고기들을 사냥 중이다.

새들의 먹이 활동 현장 포착

꽃의 꿀을 먹는다

참새 ▶146쪽
벚꽃을 꽃봉오리째 따서 씨방에 있는 꿀을 빨아먹는 참새. 참새는 꽃의 수분을 돕지 않는다.

동박새 ▶154쪽
가는 부리로 꽃의 꿀을 빨아 수분을 돕는 동박새. 하지만 꽃의 형태에 따라 꿀만 섭취하기도 한다.

사마귀를 먹는다?

박새 ▶150쪽
잡식성인 박새가 사마귀의 알을 열심히 먹고 있다. 알은 영양만점 특식이다.

직박구리 ▶146쪽
직박구리가 사마귀를 잡았지만 먹으려는 것인지는 확실하지 않다.

역동적인 먹이 활동

백할미새 ▶149쪽
물에 떠 있는 곤충을 발견하고 쪼아먹는 백할미새.

큰사다새 ▶165쪽
사다새의 부리 아래쪽은 주머니처럼 부푼다. 그래서 부리를 그물처럼 사용해 물과 함께 물고기를 퍼 올린 다음 부리 틈으로 물만 내보낸다.

순간 포착 **12**

왜 그러는 걸까?
트랙터 주변을 계속 따라다닌다

황로

황로에 관해 더 알고 싶다면!
▶148쪽

그 이유는…

황로가 농경지 작업 중에 튀어나오는 곤충을 노리고 있다

가을철 수확 시기가 되면 논에서 작업 중인 트랙터 주변에 왜가리나 까마귀 등이 모여든다. 그중에서도 황로가 많은데 수십 마리가 모이기도 한다. 농경지 작업 중에 튀어나오는 곤충이나 개구리 등을 잡아먹기 위해서다. 특히 작업 중인 트랙터를 따라다니는 새들의 모습은 특정 시기에만 볼 수 있는 진풍경이다.

 원래 황로는 야생에서 초식동물 또는 소나 말 등의 가축을 따라다녔지만, 지금은 사람이 조종하는 트랙터를 따라다닌다. 시대가 변하면서 쫓는 대상이 바뀌었지만 황로의 목적은 같다.

황로는 주로 목장에서 가축에게 모여드는 파리나 풀 사이에서 튀어나오는 메뚜기를 잡아먹는다.

새들이 먹이 활동 할 때 하는 행동

자연현상을 이용한다

까마귀
▶148쪽

수심이 얕은 해안가에 까마귀들이 일렬로 늘어서서 먹이를 찾고 있다. 오른쪽 위의 사진 속 까마귀는 맛조개를 시가처럼 물고 날아올랐다.

　우리나라 갯벌은 대륙을 횡단하는 철새, 도요새, 물떼새들의 풍요로운 어장이다. 새들은 하루 중 해수면이 가장 낮은 간조 때, 갯벌에 남겨진 먹잇감을 먹기 위해 바쁘게 움직인다. 물론 갯벌의 혜택을 누리는 것은 철새만이 아니다. 해수면이 높은 만조 때는 민물가마우지 같은 물새와 왜가리, 까마귀 등 많은 새가 해변에 모여들어 먹이 활동을 한다.

새들이 먹이 활동 할 때 하는 행동

다른 새의 먹이를 가로챈다

민물가마우지
▶146쪽

재갈매기
▶163쪽

왜가리
▶145쪽

민물가마우지는 먹잇감을 잡으면 일단 물에서 들어올려 다시 무는데, 그 순간을 노리고 먹이를 가로채는 새도 있다.

    야생동물에게는 다른 생물이 잡은 것을 빼앗는 것도 먹이 활동 중 하나가 된다. 민물가마우지는 위협을 느끼면 먹고 있던 물고기를 뱉는다. 도망갈 때는 몸이 가벼운 것이 가장 좋기 때문이다. 위의 사진 속 재갈매기와 왜가리는 민물가마우지를 위협하고 있다. 민물가마우지가 먹잇감을 뱉은 틈을 타 그것을 빼앗으려는 속셈이다.

순간 포착 13

왜 그러는 걸까?
공중에서 떨어뜨린 것을 다시 주우러 간다

까마귀

그 이유는…

까마귀에 관해 더 알고 싶다면!
▶148쪽

까마귀는 껍데기가 딱딱한 먹이를 깨기 위해 높은 곳에서 떨어뜨린다

영리한 새로 알려진 까마귀는 딱딱한 호두나 조개를 높은 곳에서 떨어뜨려 껍데기를 깨뜨려 먹는다. 또한 호두를 차가 다니는 도로에 놓고, 자동차 바퀴에 깔려 깨지기를 기다렸다가 차가 밟고 지나가면 그때서야 호두를 주워먹기도 한다. 똑똑한 까마귀를 보고 학습해서일까? 갈매기도 조개를 깨기 위해 높은 곳에서 떨어뜨리는 행동을 한다.

> **MEMO** 까마귀의 지능과 관련된 연구에 따르면, 뉴칼레도니아까마귀와 하와이까마귀는 도구를 사용해 먹이 활동을 하는 것으로 밝혀졌다.

어미와 새끼 사이, 동료 간은 물론이고 종이 다른 새들끼리도 행동을 모방하는 것은 흔한 일이다.

새들이 먹이 활동 할 때 하는 행동

먹이를 여러 차례 내려쳐 먹기 좋게 한다

물총새
▶147쪽

눈에 하얗게 보이는 것은 눈꺼풀처럼 안구를 보호하는 별도의 막으로 순막이라고 한다. 격한 동작을 할 때 흔히 볼 수 있다.

 물총새는 물속으로 다이빙하여 유선형 부리를 사용해 재빠르게 물고기와 새우를 잡는다. 물총새가 먹이를 물고 물 밖으로 나오면 일단 안전한 장소로 간다. 그리고 먹이를 내려쳐 움직이지 못하게 하거나 뼈를 부러뜨린다. 먹기 쉽게 하려는 행동이다.

새들이 먹이 활동 할 때 하는 행동

먹이를 물에 불려 먹기 편하게 만든다

까마귀
▶148쪽

너무나 익숙하게 먹이를 물에 담그고 있는 까마귀.

　까마귀는 종종 딱딱하거나 마른 먹이를 물에 담그는 행동을 한다. 이것은 먹이를 물에 불려 부드럽게 함으로써 편하게 먹기 위해서다. 대백로나 왜가리도 먹이를 삼키기 전에 물에 담그는데, 이러한 행동도 목 넘김을 부드럽게 하기 위해서다. 동시에 수분 보충도 할 수 있다.

곤줄박이가 나무 열매를 먹지 않고 '먹이 저장'을 하고 있다

먹이 저장은 동물이 먹이를 바로 먹지 않고 어떤 장소에 숨기거나 저장하는 행동이다. 먹이를 저장하는 새로는 박새과, 까마귀과, 어치 등이 잘 알려져 있다. 그중 곤줄박이는 10월~12월에 걸쳐 줄곧 먹이를 저장하며 특히 때죽나무 열매를 좋아한다. 때죽나무 열매 껍데기를 깨고 씨앗만 물어다 저장하는데, 곤줄박이가 때죽나무 씨앗의 약 80%를 저장한다는 이야기도 있다. 아무튼 종자 분산에 크게 공헌하고 있다는 점은 분명하다.

 MEMO 주로 산새들이 먹이 저장 행동을 많이 한다. 혹독한 겨울철이 되면 먹이가 부족해지기 때문에 먹이 저장은 생존을 위한 필수적인 행동이다.

곤줄박이는 때죽나무 씨앗을 나무껍질 틈새, 나무 구멍 또는 땅속에 묻어둔다.

식물의 씨앗을 운반하는 새들의 먹이 저장 행동

잣까마귀는 아고산대에서 고산대에 걸쳐 서식하는 새다. 특히 가을에 먹이 저장 행동을 하는 것을 빈번히 볼 수 있다. 잣까마귀는 주로 눈잣나무나 가문비나무 같은 침엽수 씨앗을 저장한다. 그 이유는 뱀이 활동하기 전인 먹이가 거의 없는 시기에 새끼를 낳아 기르기 때문이다. 새끼에게 먹이를 주기 위해서 씨앗을 저장하는 것이지만, 눈잣나무의 종자 분산은 잣까마귀가 거의 도맡았다고 해도 무방하다. 결과적으로 잣나무의 번식까지 돕고 있는 셈이다.

잣까마귀
▶162쪽

부리를 이용해 잘 벌어지지 않는 눈잣나무의 솔방울에서 씨앗을 꺼내는 잣까마귀. 먹이 저장 행동 때문인지 잣까마귀는 숲을 재생하는 새로 불리기도 한다.

까마귀의 먹이 저장 현장 포착

까마귀
▶148쪽

까마귀가 먹이를 숨기기 위해 풀과 흙, 나무 등을 차곡차곡 얹고 있다. 나중에 먹이를 꺼내어 다른 곳에 숨기는 경우도 많다. 어떤 때는 먹이가 아닌 것도 숨기는 수수께끼 같은 행동을 보인다.

그 밖에 먹이를 저장하는 새들의 몸짓·행동

먹이를 나뭇가지나 가시에 꽂아 걸어둔다

때까치
▶155쪽

때까치는 곤충이나 개구리, 도마뱀, 작은 새 등을 사냥해 나뭇가지나 날카로운 가시에 꽂아 걸어둔다.

때까치의 먹이 저장 습성은 조금 특이하다. 때까치는 잡은 먹이를 나무의 잔가지나 식물의 가시 등에 꽂아둔다. 이렇게 행동하는 이유로는 먹이를 저장하기 위해서 또는 영역을 주장하기 위해서라는 설이 있었지만, 최신 연구에 따르면 수컷의 짝짓기를 위한 활동이라는 사실이 밝혀졌다. 번식기를 앞둔 수컷은 저장한 먹이를 잔뜩 먹고 더욱 잘 지저귐으로써 구애에 성공할 확률이 높다고 한다.

COLUMN

먹이를 저장하는 새들의 인지능력

새들에게는 미안한 이야기지만, 얼마 전까지만 해도 곤줄박이나 때까치 등 새가 먹이를 저장해 놓고 잊어버릴 거라고 생각하는 사람이 많았다. 그러나 최근 발표에 따르면, 곤줄박이는 저장한 먹이 중 거의 대부분을 찾아서 먹는다고 한다. 그리고 때까치의 먹이 저장은 수컷이 구애 활동에 필요한 에너지를 보충하는 데 큰 몫을 한다는 연구 결과가 있다. 새들은 저마다 저장한 먹이를 잘 활용하고 있다.

사실 먹이를 저장하는 새는 어디에 무엇이 있는지를 기억하는 인지능력이 인간이 상상하는 것 이상으로 발달되어 있다고 한다. 실제로 까마귀는 저장한 먹이를 정확히 찾아서 먹고, 간혹 다른 장소로 옮기기도 한다. 곤줄박이는 높은 인지능력 때문에 점괘 뽑기 재주를 가진 새로도 잘 알려져 있다. 미국쇠박새는 먹이 저장 시기인 가을이 되면 기억을 관장하는 뇌의 해마 부위가 발달한다는 연구 결과도 있다.

곤줄박이가 때죽나무 열매를 두 발 사이에 끼운 후, 독이 있는 과육과 딱딱한 껍질을 벗겨 씨앗을 꺼내고 있다. 이것은 다른 박새과 새에게서는 보기 힘든 행동이다.

씨앗만 쏘옥~

순간 포착 15

왜 그러는 걸까?
깃털을 활짝 펴고 날갯짓을 한다

백할미새

그 이유는…

백할미새에 관해 더 알고 싶다면!
▶ 149쪽

백할미새 수컷이
구애 행동을 하며
암컷의 주의를 끈다

　암컷과 짝을 이루고 싶은 백할미새 수컷이 암컷에게 구애 행동을 하고 있다. 백할미새 수컷은 몸을 최대한 크게 보이기 위해 깃털을 부풀려 구애의 춤을 추기 시작한다. 이때 몸을 굽히거나 꽁지깃을 펼쳐 한껏 매력을 발산한다. 암컷이 도망치지 않으면 구애 성공이다! 다음 단계로 넘어간다.

대백로 한 쌍이 우아한 몸짓으로 구애의 춤을 추고 있다.

대백로
▶154쪽

새들이 구애하기 위해 하는 행동

지저귀다

휘파람새
▶167쪽

큰유리새
▶165쪽

지저귀는 소리가 아름답기로 유명한 휘파람새와 큰유리새.

번식기가 되면 새는 영역을 주장하거나 수컷이 암컷에게 자신의 매력을 과시하기 위해 복잡하고 아름다운 소리를 낸다. 그런데 이 소리는 대체로 일정한 계절에만 들을 수 있다. 휘파람새는 겨울 동안에 '칫칫' 하고 울음소리만 낼 뿐, 지저귀는 소리를 내지 않는다. →116쪽 참고 지저귀는 것은 해의 길이와 관련 있는데, 봄이 되어 해가 길어지고 따뜻해지면 새들이 지저귀기 시작한다.

새들이 구애하기 위해 하는 행동

먹이를 선물한다

쇠제비갈매기
▶159쪽

    수컷이 암컷과 짝을 이루기 위해 먹이를 선물하는 행동을 '구애급이'라고 한다. 이때 암컷은 먹이의 질을 중요시한다. 먹이를 제대로 잡는 수컷이어야 앞으로 함께 육아를 할 때 실패하지 않기 때문이다. 쇠제비갈매기는, 부리로 먹이를 건네는 유형과 먹이를 새끼에게 주듯이 토해내서 주는 유형이 있다. 암컷은 날개를 흔들며 먹이 선물을 받기도 하는데, 이 역시 새끼가 어미에게 먹이를 조르는 모습과 유사하다.

새들의 구애 현장 포착

오목눈이 ▶161쪽

까마귀 ▶148쪽

먹이를 서로 물고 있는 까마귀 한 쌍. 싸우는 것이 아니라 사이좋게 먹이를 주고받는 모습이다. 새에게 부리는 중요한 의사소통 수단이다.

멧비둘기 ▶150쪽

부리로 정성껏 상대의 깃털을 고르고 있다.

교미도 빠뜨릴 수 없다.

찌르레기 ▶164쪽

검은눈썹제비갈매기 ▶152쪽

아프리카펭귄 ▶160쪽

COLUMN

새들의 개성 넘치는 구애 행동

새들에게서 가장 많이 볼 수 있는 구애 행동이라면 역시 '지저귐'이다. 또한 장식깃이나 번식깃을 강조하며 춤으로 유혹하는 '과시파'가 있고, 구애급이나 깃털 고르기 등으로 거리감을 좁히는 '선물파'가 있다. 물론 이 두 가지 방법을 모두 동원하는 경우도 있다. 아래 사진 속 갈색얼가니새와 따오기 수컷은 암컷에게 둥지 만드는 재료를 선물한다. 또한 바우어새 수컷은 암컷을 유혹하기 위해 몇 달에서 길게는 1년까지 온 마음과 정성을 다해 '바우어(bower, 나무 그늘 또는 정자)'라고 불리는 구조물을 만든다. 암컷은 바우어가 마음에 들면 그 수컷과 교미를 한다. 그리고 산란, 육아를 위한 둥지를 따로 만들어 암컷 혼자 새끼를 키운다. 느시 수컷은 짝짓기를 하기 전에 '가뢰과'라는 독이 있는 곤충을 잡아먹어 몸속 기생충을 없애고 건강미를 어필한다. → 154쪽 참고

갈색얼가니새 ▶151쪽

둥지 재료를 선물한다

따오기 ▶155쪽

바우어를 만들 준비?

큰바우어새 ▶165쪽

바우어새과는 종에 따라 제각기 다른 바우어를 만든다. 나뭇가지들을 모아 아치 형태를 만들거나 꽃, 열매, 다른 새의 깃털로 호화로운 장식을 하는 등 마치 예술가 같다.

순간 포착 **16**

왜 그러는 걸까?
마구 날뛴다!

꿩

꿩에 관해 더 알고 싶다면!
▶149쪽

그 이유는…

꿩이 자기 영역에 접근한 적을 쫓기 위해 애쓰고 있다

꿩 수컷은 봄에서 초여름에 걸쳐 혈기 왕성하게 구애 활동을 하고 자신의 영역을 과시한다. 수컷이 '꿔엉, 꿔엉' 하고 큰 소리로 울면서 날개를 격렬하게 퍼덕이는 것도 이러한 행동 중 하나다. 꿩 수컷은 우리말로 '장끼'라고 하며 암컷은 '까투리'라 한다. 꿩은 지진에 예민해 날갯짓 소리와 울음소리로 지진을 예고한다고 한다.

날개를 펼쳐 격렬하게 퍼덕이는 행동은 소리로 메시지를 보내는 '드러밍(drumming)'의 일종이다.
→ 117쪽 참고

새들이 위협할 때 하는 행동

날개를 펼친다

직박구리
▶146쪽

까마귀
▶148쪽

바다직박구리
▶156쪽

솔새
▶159쪽

직박구리의 위협에도 동요하지 않는 바다직박구리 암컷. 꽤 기가 센 것 같다.

위협이란 실제로 공격하기 전에 상대의 의욕을 꺾으려고 취하는 행동이다. 새가 위협할 때 하는 행동으로는 자세, 울음소리, 동작, 이렇게 세 가지가 있는데, 날개를 펼치는 것이 대표적인 위협 자세다. 날개를 펼치거나 한껏 부풀려 자신을 크게 보이게 함으로써 상대에게 가까이 오지 말고, 물러나라고 메시지를 보낸다.

새들이 위협할 때 하는 행동

입을 벌린다 / 소리친다

왕눈물떼새 ▶161쪽

참새 ▶146쪽
백할미새 ▶149쪽

제비 ▶163쪽

같은 과에 속한 새와 형제를 상대로 위협하고 있는 백할미새와 제비의 유조.

　새의 대표적인 위협 행동이라면, 바로 입을 크게 벌리고 소리를 지르는 것이다. 입을 벌리면서 소리치는 것은 위협의 기본이다. 입을 벌리는 것은 다가오면 물겠다는 메시지다. 새가 위협할 때 내는 울음소리는 통상적인 울음소리와는 달리, 다소 낮고 매우 불쾌감을 느끼게 한다.

새들이 위협할 때 하는 행동

주변을 빙빙 돈다

제비
▶163쪽

까마귀
▶148쪽

까마귀는 독수리, 매 등의 맹금류와 올빼미를 싫어해 자주 시비를 건다.

　위의 사진 속 제비는 까마귀 주변을 빙빙 돌며 까마귀를 위협하고 있다. 까마귀는 제비가 다가올 때마다 소리를 내어 불쾌감을 드러낸다. 까마귀의 경우 '모빙(mobbing)'이라는 집단 방어 행동을 한다. 모빙이란 떼를 지어 자신의 영역에서 적을 쫓아내는 행동으로, 새뿐만 아니라 여러 생물한테서 볼 수 있다.

> 더 알아보기 새가 하는 기본적인 행동

⑤ 울음소리와 지저귐

생김새뿐만 아니라 울음소리도 새를 구별하는 데 중요한 요소다. 새의 울음소리에 관해 자세히 알아보자.

새가 내는 소리

'새소리'라고 하면 가장 먼저 무엇이 떠오르는가? 아마도 휘파람새의 '휘이이이익 호르륵', 참새의 '짹짹', 까마귀의 '까악 까악' 정도가 떠오를 것이다. 하지만 어떤 새도 한 종류의 소리만으로 울지 않는다. 필요에 따라서 몇 가지 패턴을 구사한다.

새가 내는 소리는 크게 '울음소리'와 '지저귐' 두 가지로 나뉜다. '울음소리'는 계절과 성별, 나이와 상관없이 새가 일상적으로 내는 소리이며 같은 과에 속한 무리와 인사나 정보를 나눌 때 사용한다. 대부분 짧은 단음을 내고, 포식자가 접근해서 경계할 때는 짧고 날카로운 소리를 낸다.

'지저귐'은 주로 번식기에 수컷이 구애하기 위해 내는 소리다. 새의 번식기는 대략 봄부터 여름까지이므로 이 시기에 자주 들을 수 있다. 지저귀는 소리가 아름답기로는 휘파람새, 큰유리새, 울새가 유명하지만, 작은 몸

큰유리새
▶165쪽

울새
▶162쪽

굴뚝새
▶152쪽

종다리
▶163쪽

쇠딱따구리
▶159쪽

황새
▶166쪽

에 비해 큰 울림소리를 내는 굴뚝새도 있다. 한편, 지저귐은 번식기에 자기 영역을 주장하기 위해 경쟁 상대를 향한 위협의 목적으로 내기도 한다.

덧붙이자면, 새가 지저귈 때 즐겨 찾는 나뭇가지나 기둥을 '송 포스트(song post)'라고 한다. 그리고 종다리나 개개비사촌은 날면서 지저귀는 '과시 비행'이 특기다.

울음소리 이외의 소리

새는 울음소리 외에도 의도적인 소리를 내서 메시지를 보낼 때가 있다. 그중 하나가 구애나 위협을 위한 '드러밍(drumming)'인데 이것은 다른 동물한테서도 관찰할 수 있다. 한 예로 고릴라가 가슴을 두드리는 행동도 드러밍의 일종이다. 딱따구리가 부리로 나무줄기를 쪼거나 꿩이 날개나 꽁지깃을 심하게 떨며 소리를 내는 것도 드러밍이다.

황새나 넓적부리는 발성기관이 잘 발달하지 못해 다 성장하면 울지 않는다. 그래서 부리로 두드려 소리를 내는 '클래터링(clattering)' 행동을 한다. 주로 수컷이 구애나 위협을 할 때 이 행동을 하며, 폭넓은 의사소통 수단으로도 사용한다. 이 밖에도 까마귀가 위협하기 위해 발밑의 철골 등을 부리로 쪼거나 나뭇가지를 꺾어 소리를 내는 행동도 관찰된다.

> 더 알아보기   새가 하는 기본적인 행동

⑥ 비행

새가 날 때 단순히 날갯짓만 한다고 생각할 수 있지만, 새는 사실 다양한 방법으로 날고 있다. 지금부터 자세히 살펴보자.

직선형 비행과 물결형 비행

아래 그림에서 날갯짓을 반복하며 직선 궤적을 그리는 비행을 '직선형 비행'이라 한다. 그리고 날갯짓과 정지하기를 번갈아가며 큰 물결을 그리듯 나는 비행을 '물결형 비행'이라 한다. 개똥지빠귀는 이따금 날개를 퍼덕이며 똑바로 난다.

제비와 매는 날개를 펼친 상태에서 날갯짓을 하지 않는 활공을 하고, 솔개를 포함한 수리과의 새들은 상승 기류를 이용하여 활상한다. 슴새목 알바트로스과에 속하는 짧은꼬리알바트로스는 수면의 기류를 이용한 역동적 활상이 특기다. 또한 정지비행을 하는 새도 있다. (→83쪽 참고)

목이 긴 왜가리는 비행할 때, 목을 Z자 형태로 움츠리는 데 비해 두루미나 고니는 곧게 편 상태로 나는 것이 특징이다. 또 무리 지어 비행할 때는 줄지어 날고, 그룹을 만들거나 개체별로 흩어져 나는 등 다양한 방법으로 비행한다.

왜 그러는 걸까?

순간 포착 17

다른 동물의 털을 뽑는다

그 이유는…

큰부리까마귀

큰부리까마귀에 관해 더 알고 싶다면!
▶ 149쪽

큰부리까마귀가
둥지 재료를 모으고 있다

새 둥지는 전체를 형성하는 바깥 둥지와 알을 낳을 내부 둥지(산좌)로 구성된다. 이 밖에 둥지를 설치할 때 기초가 되는 부분이나 바깥 둥지를 감싸는 외장 부분이 있을 수 있다. 둥지의 재료는 마른 나뭇잎이나 풀, 나뭇가지, 나무껍질, 새의 깃털, 다른 동물의 털, 작은 돌, 진흙 등 매우 다양하며 새의 종류와 지역에 따라 재료가 다르다. 특히 부드럽고 탄력 있는 동물의 털은 알을 낳을 내부 둥지에 사용한다.

 까마귀는 종종 실외 건조대 등에서 옷걸이를 훔쳐서 바깥 둥지를 만들 때 사용하기도 한다. 형태도 바꿀 수 있고, 사용하기도 편리한 철사 옷걸이가 매우 마음에 드는 모양이다.

둥지 재료로 사용하기 위해 기린의 털을 뽑는 까마귀. 역시 대단하다!

새들이 둥지 재료를 수집하는 현장 포착

제비 ▶163쪽

오목눈이 ▶161쪽

민물가마우지 ▶146쪽

개개비사촌 ▶151쪽

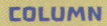

다른 새의 둥지를 빼앗는 새

야생동물에게 새끼를 낳아 개체를 늘리는 '번식'은 생물학적으로 매우 중요한 과정이다. 새에게 번식과 관련하여 첫 번째 과제는 둥지를 만드는 것이다. 새가 둥지를 짓는 목적은 산란하고 새끼를 기르기 위해서다. 둥지를 짓는 데는 큰 에너지와 시간이 소요된다. 그중에서 새에게 가장 중요한 것은 시간이다.

온대 지역에서 번식하는 새들은 일찍 산란해야 번식 성공률이 높아진다. 일찍 산란하면 한 번에 그치지 않고, 여러 번 알을 낳아 기를 수 있다. 하지만 둥지를 짓는 데 시간이 걸리면 번식 성공률이 현저히 떨어진다.

그래서 일부 새는 자신이 원하는 둥지와 유사한 다른 새의 둥지를 빼앗기도 한다. 다른 새의 먹이를 빼앗는 것처럼 →94쪽 참고 새는 목적을 위해서는 수단과 방법을 가리지 않는다.

둥지 재료로 진흙을 모으는 제비. 새는 다양한 소재로 둥지를 짓는데, 진흙을 사용하는 종은 전체 새 중 약 5% 정도라고 한다.

참새가 제비의 둥지를 빼앗았다. 사람과 가까운 곳에 사는 새들은 둥지의 위치나 취향도 비슷하다.

순간 포착 18
왜 그러는 걸까?
새끼에게 계속 무언가를 준다

멧비둘기

멧비둘기에 관해 더 알고 싶다면!
▶150쪽

그 이유는…

멧비둘기는 부리로 새끼에게 젖을 먹인다

비둘기는 포유류의 젖과 비슷한 분비물인 '피존 밀크(Pigeon Milk)'를 생산한다. 일명 '비둘기 젖'이라고 불리는 이것은 어미의 목에 있는 모이주머니 안쪽 벽에서 만들어진다. 부화한 새끼는 10일 정도 젖을 먹으며 성장하는데, 피존 밀크는 암컷과 수컷 모두에게서 나온다. 여기에는 새끼에게 필요한 지방, 단백질 등이 풍부하며, 항상 분비되므로 1년 내내 번식하면서도 먹이를 따로 구하지 않아도 된다.

 MEMO 비둘기와 마찬가지로 홍학도 새끼에게 젖을 먹인다. 홍학은 소화기관을 통해 '크롭 밀크(crop milk)'라는 젖을 만든다.

홍학이 만들어내는 젖은 단백질 등이 매우 풍부하고, 짙은 붉은색을 띠는 것이 특징이다.

큰홍학 ▶166쪽

새들의 육아 현장 포착

먹이를 잡고, 먹이는 행동의 무한 반복

참새
▶146쪽

물총새
▶147쪽

제비
▶163쪽

어미새는 대부분 새끼가 이소할 때까지 며칠이고, 몇 번이고 둥지를 오가며 먹이를 물어다 먹인다. 물총새는 새끼가 먹이를 삼키기 쉽도록 물고기는 머리부터, 가재는 꼬리부터 먹인다.

COLUMN

다른 새의 육아를 도맡아 대신하는 새

새들 중에는 다른 새의 육아를 도맡아 대신해 주는 가사도우미가 있다. 일명 '헬퍼' →138쪽 참고 라고 하며, 헬퍼가 있는 형태의 번식을 '협동 번식'이라고 한다. 전체 새 중 약 3%에 해당하는 종이 협동 번식을 한다.

한편 새끼를 위한 둥지를 만들지 않고, 다른 새의 둥지에 알을 낳는 '탁란'을 하는 새도 있다. 탁란을 하는 새로는 뻐꾸기 외에도 두견이, 매사촌, 벙어리뻐꾸기 등이 있다. 뻐꾸기는 주로 개개비, 때까치, 멧새 등 20여 종 이상의 새들에게 탁란을 한다. 이렇게 뻐꾸기가 탁란하는 새들을 '숙주새(가짜 어미새)'라고 한다.

뻐꾸기가 탁란하는 방법은 다음과 같다. 먼저, 뻐꾸기는 숙주새의 둥지에서 알 하나를 밖으로 떨어뜨리고, 그곳에 알을 하나 낳는다. 뻐꾸기 알은 부화 속도가 빠른데, 이때 먼저 부화한 뻐꾸기 새끼가 다른 알들 또는 부화한 숙주새의 새끼를 밀어 둥지에서 떨어뜨린다. 그 사실을 알지 못하는 숙주새는 뻐꾸기를 자신의 새끼인 것으로 착각하고, 둥지를 떠날 때까지 부지런히 먹이를 날라다 먹인다.

개개비 둥지에 탁란할 기회를 노리는 뻐꾸기. 나뭇가지에 앉은 암컷은 흥분한 상태인지 자꾸 꽁지깃을 들었다 내리기를 반복한다.

종종 뻐꾸기의 숙주새가 되는 개개비(왼쪽)와 때까치(오른쪽).

박새가 둥지에서 새끼의 배설물을 물고 나온다

알에서 나온 새끼들은 둥지 속에서 약 2주간 어미새가 물어다 주는 먹이를 먹으며 생활한다. 새끼가 잘 먹는 만큼 싸는 똥의 양도 많을 텐데 신기하게도 둥지 안은 똥으로 더러워지지 않는다. 사실 새끼의 배설물은 '배설낭'이라는 주머니 형태의 얇은 막으로 감싸진 채 몸 밖으로 배출된다. 박새가 물고 나온 것이 바로 이 배설낭이다.

 어미는 배설낭을 둥지에서 어느 정도 떨어진 장소에 버린다. 배설낭 속에 채 소화시키지 못한 먹이가 들어 있을 때는 직접 먹기도 한다.

어미가 둥지에 돌아오는 것을 보기라도 한 듯 엉덩이를 둥지 밖으로 내밀고 배설낭을 배설하는 새끼.

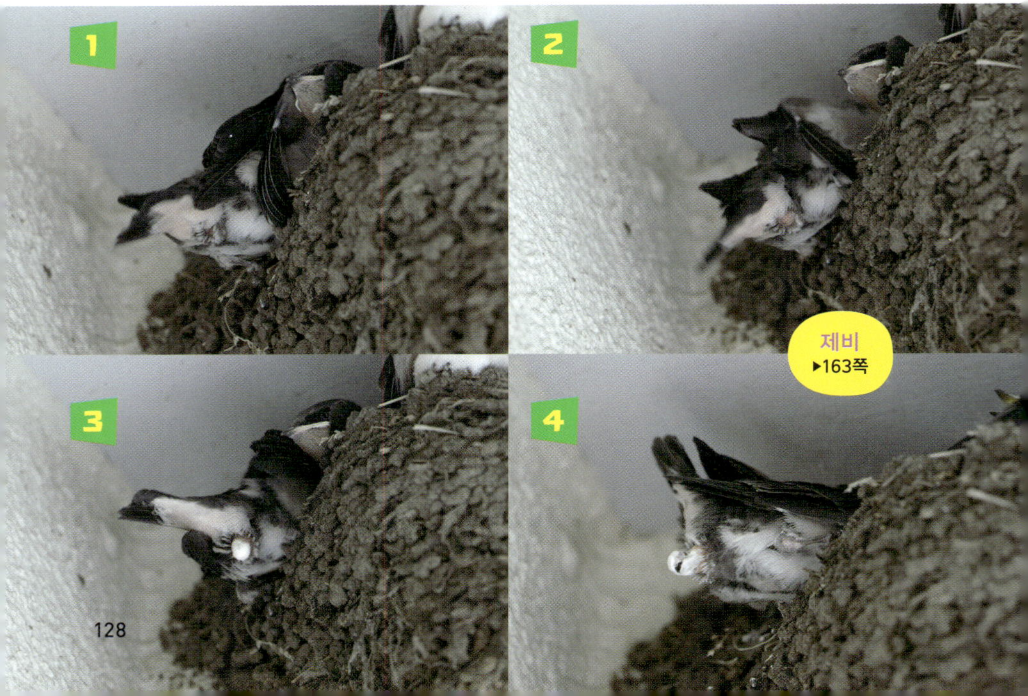

제비
▶163쪽

새들의 육아 현장 포착

이소 후에도 한동안은…

박새
▶150쪽

직박구리
▶146쪽

참새
▶146쪽

동박새
▶154쪽

찌르레기
▶164쪽

멧비둘기
▶150쪽

막 이소한 새끼는 나는 것도, 먹이를 구하는 것도 능숙하지 않기 때문에 한동안 어미에게서 먹이를 받아먹는다. 그리고 새끼는 어미의 뒤를 따라다니며 다양한 것을 학습한다.

제비의 육아 현장 포착

1단계

이소 후에도 아직 잘 날지 못하는 어린 새끼는 처음에는 한곳에 머물며 어미가 먹이를 물어오기만을 기다린다. 시간이 지나 마침내 날면서 먹이를 받아먹을 수 있게 되면, 단계를 밟아나가며 혼자 힘으로 먹이를 잡을 수 있게 된다.

2단계

공중에서 먹이 받아먹기, 성공!

왜 그러는 걸까?

순간 포착 **20**

공을 가지고 노는 걸까?

그 이유는…

매

매에 관해 더 알고 싶다면! ▶ 150쪽

매가 공을 먹잇감으로 삼아 사냥 연습을 하고 있다

매 새끼는 이소 후에 한동안 둥지 주변에서 지내다가 홀로서기를 한다. 매가 홀로서기를 한다는 것은 다른 동물을 직접 사냥할 수 있게 된 것을 의미한다. 약육강식 세계에서 동물은 먹잇감을 사냥하지 않으면 자신이 죽게 된다. 날카로운 발톱으로 낚아채기를 반복하는 매의 훈련은 계속된다!

 매 새끼는 태어난 후, 약 한 달 반 지나면 둥지를 떠난다. 둥지에서는 먹잇감의 깃털을 가지고 노는 등 사냥꾼으로서의 감각을 기른다.

어엿한 한 마리 매로 독립하기 위해 연습, 또 연습! 오늘의 목표물은 바람을 타고 떠다니는 나뭇잎이다.

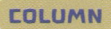

다른 새들의 행동을 모방하며 홀로서기를 꾀하다

아기새를 구분하는 용어로 '만성조'와 '조성조'가 있다. 아기새가 눈도 제대로 뜨지 못하고 핏덩이 상태라면 만성조라고 한다. 만성조는 둥지 안에서 몸의 온도를 유지한 채 어미의 도움을 받아야 한다. 그리고 충분히 자란 뒤에 이소를 한다. 반면에 어느 정도 발달된 상태로 태어나 아기새 때부터 알아서 혼자 잘 자랄 수 있는 상태를 조성조라고 한다. 조성조는 깃털도 보송보송 나 있고, 바로 걷기 시작해 먹이를 먹기도 한다. 둥지를 떠난 뒤에는 만성조와 조성조 모두 어미나 형제 등 다른 새의 행동을 모방하며 홀로서기를 꾀한다.

흰뺨검둥오리 어미는 홀로 새끼를 맡아 키운다. 새끼가 스스로 먹이를 잡을 수 있게 될 때, 물가로 이사한다.

물가에 갈 때까지 넘어야 할 산이 많다. 새끼들은 어미를 따라 도전하지만 너무 어려우면 다른 길을 찾는다.

순간 포착 번외

왜가리
▶145쪽

먹이로 잡은 메뚜기에게 물린(?) 모양이다

무엇을 하는 걸까?

제비 ▶163쪽

새끼들이 너무 기운이 넘친 탓에

어미의 부리가 새끼의 입에 끼었다

으읔!

쏙독새 ▶160쪽

이건 거, 거북!?

수염도 놀랍다!

제비와 쏙독새는 입을 크게 벌린 채 날면서 곤충을 사냥한다.

순간 포착 번외

곤줄박이
▶148쪽

아얏!

깃털을 밟았다!!

그게 그러니까...

깃털을 다듬어야 해!
깃털을 다듬자

무엇을 하는 걸까?

쇠백로
▶147쪽

황로
▶148쪽

쇠백로의 집단 보금자리에 들어가 혼이 나고 있는 황로.

큰 싸움이 벌어졌다!?

싸우는 것처럼 보이지만 어미가 새끼에게 홀로서기를 재촉하는 행동이다. 야생에서 살아가는 것은 혹독하다.

왜가리
▶145쪽

용어 해설

새와 관련된 용어를 선별해 정의했다. 물론 책에 등장한 용어도 있으니 참고하기 바란다.

성장 단계 및 역할

새끼새
새의 첫 성장 단계로 알에서 부화한 후 첫 깃털(유조깃)이 날 때까지를 말한다. 작은 새의 경우, 더 이상 어미가 보살피지 않게 되는 시기(홀로서기)까지를 가리킨다.

유조
유조깃에서 1회 겨울깃으로 깃털갈이를 하기 전까지의 단계를 말한다.

어린 새
어미로부터 독립한 후부터 첫 깃털갈이를 하기까지의 단계를 말한다. 아성조 또는 미성조라 부르기도 한다.

어른새(성조)
성장하여 번식 능력이 있는 새를 말한다. 성조깃으로 털갈이를 한 상태이며, 성조깃이 나기 전에 번식하는 새도 있다.

헬퍼
동물의 협동 번식에서 새끼의 양육을 돕는 부모 외의 개체를 뜻한다. 새 중에서는 100종 이상이 발견되며 그중에는 혈연관계가 아닌 경우도 있다고 한다.

숙주새
뻐꾸기 등이 탁란한 둥지의 어미새를 가리킨다.

생태환경

보금자리
새가 밤에 수면을 취하는 곳으로, 천적으로부터 도망치기 쉬운 안전한 장소를 가리킨다. 큰 무리를 지어 보금자리를 이루는 종도 있으며 종에 따라 다르지만 주로 나무 위에 만드는 경우가 많다. 찌르레기와 백할미새는 가로수, 큰부리까마귀는 숲, 제비는 갈대밭 등을 보금자리로 삼는다.

집단번식지
집단으로 둥지를 짓고 번식하는 하나의 무리 혹은 그 번식지를 가리킨다. 왜가리, 가마우지, 갈매기, 제비갈매기, 흰털발제비 등에게서 볼 수 있다. 특히 백로과에 속한 새들에게서 많이 관찰되며 쇠백로가 집단번식지를 형성하고, 여기에 민물가마우지가 섞이기도 한다. 때로는 수백 마리에 이르는 왜가리의 대규모 번식지를 '왜가리산'이라고도 부른다.

혼군(혼성군)

종이 다른 무리가 하나의 무리를 이루는 것을 말한다. 예컨대, 여름이 지나고 다음 해 번식기까지 오목눈이 무리에 박새나 곤줄박이 등이 섞인 혼군을 볼 수 있다. 동박새와 쇠딱따구리가 함께 섞이기도 한다.

깃털과 형태

깃털갈이

새의 깃털이 빠지고 새로운 깃털이 나는 것을 말한다. 유조는 어른새가 될 때 둥지를 떠나고 얼마 되지 않아 유조깃을 깃털갈이한다. 어른새는 매년 번식기 후에 한 번, 종에 따라서는 두 번 깃털갈이를 한다. 깃털이 한번에 빠지는 종과 단계적으로 빠지는 종이 있다.

여름깃

번식기 때 깃털로 생식깃 또는 번식깃이라고 한다. 겨울깃보다 선명한 색이 많다. 번식기를 맞아 장식깃이나, 혼인색이 나오는 종도 있다.

깃털갈이 중

깃털갈이 완료

까마귀 ▶148쪽

겨울깃

비번식기 때 깃털로, 여름깃과 비교하면 수수한 색이 많다. 오리류 수컷은 가을이 되면 날개의 색이 암컷과 비슷하게 수수한 색을 띠는데, 이것을 변환깃이라고 한다. 그리고 겨울 동안 여름깃으로 다시 깃털갈이를 한다.

1회 겨울깃

유조깃이 빠지고 깃털갈이하여 나는 깃털로, 이 시기에 어른새와 완전히 깃털이 같아지는 종과 일부만 같아지는 종

용어 해설

으로 나뉜다. 그 이듬해 가을에 하는 깃털갈이를 2회 겨울깃이라고 하며, 이 시기에는 대부분 어른새와 같은색의 깃털을 가지게 된다.

1회 여름깃

태어난 이듬해 봄에 깃털갈이를 한 깃털을 말한다.

혼인색

짝짓기 시기부터 번식기 초기에 걸쳐 깃털과 부리, 발 등에 나타나는 색으로, 일반적으로 다른 시기보다 선명해진다. 대백로는 혼인색을 띨 때, 부리는 노란색에서 검은색으로 변하고 눈 끝은 청록색이 진해진다. 또한 어깨에서 등에 걸쳐 섬세한 장식깃이 난다.

개성 있는 깃털

구조색

깃털의 미세한 구조에 빛이 반사되어 보이는 색으로, 푸른색이나 녹색 광택이 구조색인 경우가 많다. 물총새, 제비, 까마귀 등에서 볼 수 있다.

머리깃(관모)

새의 머리 부분에 있는 긴 깃털로, 정수리에만 있는 짧고 수수한 것에서부터 목까지 내려오는 길고 화려한 것까지 매우 다양하다. 주로 흥분하거나 경계할 일이 생겼을 때 머리깃을 세우는데 종에 따라서는 이성에게 과시하기 위한 것이라는 주장도 있다. 귀뿔깃을 형성하는 볏 모양이나 술 모양, 부채꼴 등의 다발깃도 머리깃이라 한다. 특히 앵무새는 머리깃을 자유자재로 올렸다 내렸다 함으로써 같은 무리 사이에서 의사소통을 하거나 몸을 크게 보이게 해 위협하기도 한다.

노랑턱멧새 ▶153쪽

장식깃

주로 번식기에 나는 화려한 깃털로 과시할 때 사용한다. 머리깃, 긴 꽁지깃, 긴 눈썹깃, 수염 형태의 긴 깃털 등을 포함해 등과 가슴, 옆구리에 난 긴 깃털과 위 꼬리덮깃, 꽁지깃이 변형된 것까지 온몸에 걸친 장식깃은 그야말로 각양각색이다. 장식깃의 모양은 긴 것과 술처럼 늘어진 것이 많고 눈에 띄기 위해서 세우거나 펼칠 수 있다. 장식깃의 모양과 색깔이 화려한 종으로는 극락조와 공작을 꼽을 수 있다. 극락조의 장식깃은 무리에서 짝을 선택해야 하는 환경에서 진화한 것으로 추정된다.

왜가리 ▶145쪽

▶154쪽
댕기물떼새

북방흰얼굴소쩍새 ▶157쪽

▶157쪽
블래키스톤물고기잡이부엉이

수리부엉이 ▶160쪽

줄무늬올빼미 ▶163쪽

귀깃(귀뿔깃)

올빼미의 머리에 있는 좌우 한 쌍의 머리깃을 '귀깃' 혹은 '귀뿔깃'이라고 한다. 귀깃은 귀처럼 보이지만 귀는 아니고, 청각과도 관계가 없다. 새는 소리를 모으는 돌출된 귓바퀴가 없는데, 공중을 날 때 귀깃이 공기의 저항을 줄여준다고 추정한다. 올빼미과에 속하는 새 중 귀깃이 있는 종을 '부엉이'라고 하며 블래키스톤물고기잡이부엉이, 수리부엉이 등이 있다. 반대로 이름에 부엉이가 붙어도 솔부엉이처럼 귀깃이 없는 종도 있다.

새들이 무엇을 하고 있는 걸까? : 4~9쪽 해설

제비
하품을 하고 있다.

큰왕눈물떼새 / 붉은가슴도요
이동 중 중간 정착지에서 머물고 있는 물떼새와 도요새. 졸린 모양인지 나는 것이 힘들어 한 발로 껑충껑충 뛰어가고 있다. 바닷가나 갯벌에서는 사람이 오면 도망가야 하기 때문에 경계를 늦출 수 없다.

물총새
위험을 느끼고 위쪽을 주시하고 있다.

꼬마물떼새
둥글게 구덩이를 판 다음, 고운 자갈을 밑에 깔고 알을 낳을 둥지를 만들었다. 꼬마물떼새는 수컷과 암컷이 함께 알과 새끼를 돌본다.

까마귀
까마귀 두 마리의 순막이 동시에 나온 순간이다.

참새
참새 세 마리가 동시에 위쪽을 주시하고 있다.

멧비둘기
멧비둘기가 알에서 태어난 새끼에게 피존 밀크를 주고 있다. 두 마리가 동시에 받아먹다니, 놀라운 광경이다.

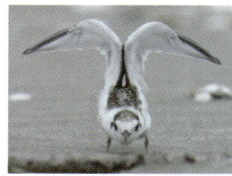

쇠제비갈매기
양쪽 날개를 펼친 '에인절 자세'를 취하며 스트레칭 중이다.

오목눈이
오목눈이 새끼들이 나뭇가지 위에 기대어 앉아 어미를 기다리는 모습이다. 오목눈이는 새끼를 많이 낳기로 유명하다.

매
날개 한쪽과 발을 뻗는 '기지개 켜기 자세'를 취하며 스트레칭 중이다.

밭종다리
에인절 자세에서 기지개 켜기 자세로 바꾼 밭종다리. 일광욕을 하면서 스트레칭을 하고 있다.

흰뺨검둥오리
산란 장소에서 돌볼 장소로 새끼들을 이동시키는 모습이다. 어미의 뒤를 열심히 따라가는 새끼들의 모습은 언제나 시선을 사로잡는다.

좀 더 알고 싶다!

이 책에 등장하는

86종의
새에 대하여

지금부터는 이 책에 등장한 86종의 새에 관해 더 자세히 소개한다.

이 장의 구성

먼저 '순간 포착 1~20'에 등장하는 새들의 정보를 순서대로 정리했다.(144~150쪽)
그리고 그 이외에 책에 등장하는 새들의 정보는 가나다순으로 151~167쪽에 정리했다.
새의 학명이 다양한 경우에는 가장 대표적인 것을 기재했다.

참새목 멧새과

쑥새

겨울새

학명: *Emberiza rustica* **영명:** Rustic Bunting
몸길이: 약 14cm

쑥과 닮은 짧은 머리깃이 매력!

쑥새는 농경지나 강변, 숲 주변 등에 서식한다. 대부분 무리 지어 행동하며 멧새와 혼군을 이루기도 한다. 자주 곤두세우는 머리깃이 쑥을 닮아 '쑥새'라는 이름이 붙은 것으로 추정된다. 수컷과 암컷의 겉모습은 겨울깃에서는 큰 차이가 없지만 여름깃에서는 차이가 크다. 수컷은 머리가 검게 변하고, 눈 위에서부터 뒤쪽으로 흰 반점이 뚜렷해진다.

황새목 백로과

해오라기

텃새

학명: *Nycticorax nycticorax* **영명:** Black-crowned Night Heron **몸길이:** 약 58cm

통통하고 작은 야행성 백로

해오라기는 순우리말 이름이며, 옛말에서는 '하야로비'라고 했다. 해오라기는 하천이나 연못, 습지, 논 등에 서식하는 야행성 조류로 해가 진 뒤에 먹이 활동을 한다. 해오라기는 '콰~' 하고 까마귀처럼 운다고 해서 '밤까마귀'라고도 부른다.

도요목 물떼새과

흰물떼새
나그네새

학명: *Charadrius alexandrinus*
영명: Kentish Plover   몸길이: 약 17cm

적이 접근하면 눈속임 행동을 하는 새

흰물떼새는 3월에서 10월까지 우리나라를 찾는 흔한 나그네새다. 수십 마리 정도가 무리를 지어 모래사장이나 갯벌, 하천변 등에 서식하며 종종 걸음으로 조개, 게, 갯지렁이, 수생곤충 등을 잡아먹는다. 흰물떼새는 모래에서 번식하는데 산란할 때는 땅을 조금 파서 돌이나 조개를 깔고, 둥지를 만든다.

황새목 백로과

왜가리
텃새

학명: *Ardea cinerea*   영명: Grey Heron
몸길이: 약 93cm

왕성한 먹성을 가진 강의 무법자

왜가리의 등은 푸른빛이 도는 회색이고 목 중앙에는 검은색 세로 줄무늬가 있다. 왜가리의 특징 중 하나는 바로 긴 목인데, 비행 중에는 목을 Z자형으로 구부린다. 왜가리는 주로 하천이나 호수, 습지 등 물가에 서식한다. 주행성이지만 번식기에는 야간에도 먹이 활동을 하며 어류, 양서류, 파충류, 곤충 등을 잡아먹는다. 양식 물고기를 먹어 치워 해조로 분류되기도 한다.

참새목 솔딱새과

딱새
텃새

학명: *Phoenicurus auroreus*
영명: Daurian Redstart   몸길이: 약 14cm

귀여운 몸짓으로 영역을 주장하는 새

딱새는 낮은 산의 농경지, 주택가, 강변 등에 서식한다. 수컷의 머리는 옅은 회색을 띠며 등과 날개는 흑갈색이다. 암컷의 몸은 전체적으로 황갈색을 띠고, 어린 새는 전체적으로 회색을 띠며 몸에 얼룩무늬가 있다. 수컷은 자기 영역을 주장할 때 꽁지깃을 까딱까딱 위아래로 흔드는 버릇이 있다. 이 모습이 꽤 귀엽다.

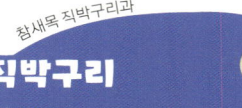

참새목 직박구리과

직박구리

텃새

학명: *Microscelis amaurotis*
영명: Brown-eared Bulbul   몸길이: 약 28cm

'삐이요~ 삐요~' 하며 우는 숲속의 수다쟁이

직박구리는 몸 전체가 회색빛이 돌며 갈색으로 물든 볼이 참 귀여운 새다. 한반도 중부 이남 지역에서 흔히 번식하는 텃새지만 원래 열대 지방에서 서식한다. 그래서인지 꽃의 꿀과 열매를 매우 좋아한다. 옛날 사람들은 직박구리가 '피죽, 피죽' 하고 울면 피죽을 달라고 보채는 백성의 울음소리 같다 하여 '호로록피죽새'라고 불렀다고 한다. 3월에서 4월 번식기가 되면 울음소리가 '삐이요~삐요~' 이렇게 예쁘게 바뀐다.

사다새목 가마우지과

민물가마우지

텃새

학명: *Phalacrocorax carbo*
영명: Great Cormorant   몸길이: 약 82cm

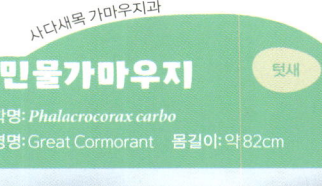

뛰어난 사냥꾼

민물가마우지는 몸 전체가 거의 검은색인 대형 물새다. 헤엄과 잠수 실력이 매우 뛰어나며 몸이 물속 깊이 가라앉은 상태에서도 헤엄칠 수 있다. 부리 끝이 갈고리 모양이라 한번 문 물고기는 절대 놓치지 않는다. 날아오를 때는 도움닫기가 필요해서 두 다리를 모으고 튀어 오른다. 둥지는 대부분 나무 위에 지으며 나뭇가지를 엮어 만든다. 민물가마우지는 일반적으로 무리를 지어 집단 번식한다.

참새목 참새과

참새

텃새

학명: *Passer montanus*
영명: Eurasian Tree Sparrow   몸길이: 약 15cm

우리에게 가장 친근한 텃새

우리에게 가장 친근한 새라면 아마 참새가 아닐까? 참새의 부리는 짧고 굵어 주식인 씨앗을 쪼아먹기에 적합한 형태다. 참새는 전국에서 번식하며 시가지나 주택가, 인가가 있는 곳이라면 거의 모든 곳에서 서식한다. 텃새라서 이동은 하지 않지만 어느 정도 이동하는 개체가 있다.

두루미목 뜸부기과

물닭

텃새 / 겨울새

학명: *Fulica atra* 영명: Common (Eurasian) Coot
몸길이: 약 40cm

판족을 사용해 물 위를 걷는 새

물닭은 뜸부기과에 속하는 새 중에서도 몸집이 가장 크며, 검은 몸에 흰 넓적다리와 부리가 특징이다. 판족을 가지고 있어 헤엄치기에 적합하고 잠수에도 능하다. 기본적으로 수초, 씨앗, 작은 물고기 등을 먹이로 삼는다. 위험할 때는 잠수를 하거나 수면을 박차고 물 위를 뛰면서 날아간다.

파랑새목 물총새과

물총새

여름새

학명: *Alcedo atthis* 영명: Common Kingfisher
몸길이: 약 17cm

물속으로 다이빙하는 청록의 보석

물총새는 몸의 윗면이 광택이 나는 청록색이며 배 부분은 선명한 주황색을 띠는 것이 특징이다. 특히 사냥할 때는 물속으로 다이빙하여 역동적으로 물고기를 잡는데, 그 모습이 많은 사람을 매료시킨다. 옛날에는 깨끗한 강에서 서식하는 송사리나 피라미를 잡았는데, 최근에는 오수에 서식하는 붕어나 참붕어를 잡아먹기도 한다. 번식기 외에는 한 개체 혼자서 영역을 만들어 행동한다.

황새목 백로과

쇠백로

텃새 / 여름새

학명: *Egretta garzetta* 영명: Little Egret
몸길이: 약 61cm

노란 양말을 신은 백로

쇠백로는 대백로, 중백로와 함께 '백로'라고 불리며 몸집은 가장 작다. 몸은 순백색이고 번식기에는 머리에 두 개의 긴 장식깃이 난다. 부리와 발은 검은색이지만 발가락은 노란색인 것이 가장 뚜렷한 특징이다. 쇠백로는 주로 나무 위에 둥지를 짓고 얕은 물가에서 먹이를 찾는다. 이때 물속에 발을 넣고 흔들어서 물고기를 몰아 잡아먹는다.

황새목 백로과

황로

여름새

학명: *Bubulcus ibis*
영명: Cattle Egret　몸길이: 약 51cm

멋스러운 여름깃이 특징!

황로는 여름새로, 우리나라 서쪽 강화에서부터 동쪽 양양에 이르기까지 폭넓은 지역에 걸쳐 번식한다. 평소에는 몸 전체가 백색이지만 번식기가 되면 머리와 목, 가슴, 등의 깃털이 주황빛을 띤다. 황로는 초원, 농경지, 습지 등에 서식하며 주행성으로 곤충, 어류, 양서류, 갑각류를 잡아먹는다.

참새목 까마귀과

까마귀

텃새

학명: *Corvus corone*
영명: Carrion Crow　몸길이: 약 50cm

먹이 찾는 재주가 뛰어난 영리한 새

까마귀는 큰부리까마귀와 유사하지만, 큰부리까마귀보다 작고 부리가 가는 것이 특징이다. 탁한 소리로 울며 농경지와 해안가 등지에서 흔히 볼 수 있다. 인가 주변에서 음식물 쓰레기를 찾는 큰부리까마귀와 달리 까마귀는 나무나 풀의 열매, 채소, 곤충, 죽은 동물의 사체 등을 먹는다.

참새목 박새과

곤줄박이

텃새

학명: *Parus varius*　영명: Varied Tit
몸길이: 약 14cm

사람과 친화력이 좋은 애교 많은 새

곤줄박이는 몸에 비해 머리가 큰 편이고 꽁지깃은 짧은 편이다. 우리나라 전역에 번식하는 흔한 텃새로 낙엽 활엽수림과 상록 활엽수림을 좋아한다. 곤줄박이는 쇠딱따구리가 파놓은 구멍이나 작은 나무 구멍에 둥지를 짓는다. 특히 때죽나무 열매를 가장 좋아하며 능숙한 솜씨로 독이 있는 과육과 딱딱한 껍질을 벗겨낸다. 그리고 씨앗만 꺼내 겨울이 오기 전에 열심히 저장한다.

참새목 할미새과

백할미새

겨울새

학명: *Motacilla alba lugens*
영명: White Wagtail 몸길이: 약 21cm

검은색 눈테가 인상적인 새

백할미새는 알락할미새의 아종으로 순백의 얼굴에 검은색 눈테가 특징이다. 몸의 형태는 가로로 긴 편이며 꽁지깃이 길고, 배와 날개는 흰색이다. 백할미새는 해안가, 하천, 늪지, 농경지 등에 자주 출몰한다. '치칫, 치칫' 하고 울면서 수생곤충 외에도 작은 벌레를 잡아먹는다. 또한 물결형 비행을 하면서 공중에서 잠자리 등을 잡아먹기도 한다.

닭목 꿩과

꿩

텃새

학명: *Phasianus colchicus* 영명: Ring necked-Pheasant 몸길이: 수컷 약 80cm, 암컷 약 60cm

고전문학에 자주 등장하는 새

꿩을 생각하면 고전소설 《장끼전》이 떠오를지도 모른다. 꿩은 우리 민족의 정서와 문화에 잘 녹아 있다. '꿩 대신 닭', '꿩 먹고 알 먹고'라는 속담과 '까투리타령' 등 민요와 설화에도 자주 등장한다. 순우리말로 수컷은 '장끼', 암컷은 '까투리'라고 한다. 수컷은 눈 주변이 붉은색이고, 머리 뒷부분부터 목까지 광택이 나는 녹색 털이 있다. 암컷은 몸 전체가 갈색이고 밤색과 검은색의 비늘 무늬가 번갈아 나 있다.

참새목 까마귀과

큰부리까마귀

텃새

학명: *Corvus macrorhynchos*
영명: jungle crow 몸길이: 약 56cm

숲속의 청소부로 활약하는 새

옛날부터 까마귀는 검은 깃털로 둘러싸여 있어 어딘가 모르게 불길하고, 사람이 죽으면 모여드는 새라고도 하여 흉조라고 했다. 실제로 까마귀는 동물의 사체에 모여들어 죽은 동물을 분해하고, 원래의 자연으로 되돌아가게 도와주는 역할을 한다. 특히 큰부리까마귀는 숲속의 청소부로 활약하며 우리나라에 서식하는 까마귀 중 몸집이 가장 크다.

비둘기목 비둘기과
멧비둘기
텃새

학명: *Streptopelia orientalis*
영명: Oriental Turtle Dove　몸길이: 약 33cm

우리나라의 대표적인 비둘기

멧비둘기의 머리와 목은 붉은빛을 띠는 잿빛이고 몸 아랫면은 회갈색이다. 날개를 접으면 비늘 모양의 얼룩무늬가 보이고, 목 옆에는 회색과 검은색의 줄무늬가 있다. 이따금 우거진 수목 속에서 들리는 '구, 구, 쿠-, 쿠-' 하는 울음소리의 주인공이 바로 멧비둘기다. 멧비둘기는 나무 위에 둥지를 만들어 작은 알을 낳고, 부화하면 새끼에게 피존 밀크를 먹인다.

참새목 박새과
박새
텃새

학명: *Parus major*　영명: Great Tit
몸길이: 약 15cm

검은 넥타이를 맨 멋쟁이 꼬마새

박새는 숲속에서부터 평지에 이르기까지 폭넓게 서식하며 1년 내내 아주 흔하게 볼 수 잇는 텃새다. 머리와 목은 푸른빛이 도는 검정색이고, 뺨에는 흰색 무늬가 있다. 특히 목에서 배 가운데까지 이어지는 넥타이 모양의 검정 세로선이 매력 포인트다. 번식기에는 나무 구멍이나 돌담 틈 또는 인공적으로 만들어진 좁은 구멍에 둥지를 만든다.

매목 매과
매
텃새

학명: *Falco peregrinus*　영명: Peregrine Falcon
몸길이: 수컷 약 42cm, 암컷 약 49cm

시속 300km! 천공의 맹수

매는 지구상에서 가장 빠른 동물로 먹잇감을 발견하는 즉시 공중에서 시속 300km 이상의 속도로 급강하한다. 그리고 날카로운 발톱으로 먹잇감을 걷어차거나 움켜쥔다. 매는 하천이나 호수, 해안 등에 서식하며 보통 절벽에 둥지를 튼다. 하지만 최근에는 고층 빌딩 등 건물에 둥지를 트는 예가 늘고 있다.

얼가니새목 얼가니새과

갈색얼가니새

학명: *Sula leucogaster*　영명: Brown Booby
몸길이: 약 64~74cm

미조

갈색얼가니새는 열대나 아열대 해양에 서식하며 낙도나 암초 위에 둥지를 트는 바닷새다. 몸 표면은 검은 갈색이고 배와 날개 아랫부분은 흰색이다. 수컷의 얼굴은 파란색이고 암컷의 얼굴은 담황색이며 부리는 모두 노란색이다.

참새목 개개비과

개개비

학명: *Acrocephalus orientalis*　영명: Great Reed Warbler
몸길이: 수컷 약 17.8~18.9cm, 암컷 약 17~17.7cm

여름새

개개비는 아시아 대륙의 중위도에서 번식하고 동남아시아에서 월동한다. 수컷과 암컷의 생김새가 비슷하며 수컷은 '개, 개, 개, 삐, 삐, 삐' 하고 구애의 노래를 부른다. 구애에 성공하면 갈대의 줄기나 마른 잎을 이용해 갈대숲 깊숙이 둥지를 튼다.

참새목 개개비사촌과

개개비사촌

학명: *Cisticola juncidis*　영명: Zitting Cisticola
몸길이: 약 13cm

여름새 / 텃새

개개비사촌은 평지에서부터 산지의 초원, 물가, 논에 이르기까지 폭넓게 서식하는 새로, 몸집은 참새보다 작다. 주로 곤충과 거미 등을 잡아먹으며, 번식기가 되면 수컷은 거미줄을 이용해 타원형 둥지를 지어 암컷을 유인한다.

참새목 지빠귀과

개똥지빠귀

학명: *Turdus eunomus*　영명: Dusky Thrush
몸길이: 약 24cm

겨울새

개똥지빠귀 수컷은 몸 아랫면에 검은 반점이 굵고 조밀하며, 눈썹선이 뚜렷한 데 비해, 암컷은 몸 아랫면에 반점이 연하고 개수가 적다. 개똥지빠귀는 나무 위에 둥지를 짓고 세 개 또는 다섯 개의 알을 낳는다. 주로 곤충과 식물의 열매를 먹는다.

도요목 갈매기과

검은눈썹제비갈매기

학명: *Sterna sumatrana*
몸길이: 약 30cm
영명: Black-naped Tern

여름새

검은눈썹제비갈매기는 새하얀 몸에 눈 주위만 검은색 무늬가 있는 것이 특징이다. 열대 및 아열대 지역 해양에 서식하며 어류와 갑각류 등을 먹이로 한다.

기러기목 오리과

고니

학명: *Cygnus columbianus*
몸길이: 약 120cm
영명: Tundra Swan

겨울새

고니는 유라시아 대륙 북부에서 번식하며 우리나라에는 겨울에 찾아온다. 큰고니와 비슷하게 생겼지만, 크기가 더 작다. 그리고 부리의 노란색 부분이 더 좁고 끝이 둥글다.

도요목 갈매기과

괭이갈매기

학명: *Larus crassirostris*
몸길이: 약 44~48cm
영명: Black-tailed Gull

텃새

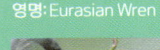

괭이갈매기는 '야오-, 야오' 또는 '미야-오' 하고 우는데, 울음소리가 고양이 울음소리와 비슷하여 '괭이갈매기'라는 이름이 지어졌다. 한국·일본·중국(북동부) 등지에서 번식하고 중국 남부 앞바다에서 겨울을 난다. 괭이갈매기는 잡식성으로 어류, 양서류, 갑각류, 곤충, 동물의 사체 등을 먹는다.

참새목 오목눈이과

굴뚝새

학명: *Troglodytes troglodytes*
몸길이: 약 11cm
영명: Eurasian Wren

텃새

굴뚝새는 둥근 몸과 가는 부리를 지녔으며, 산지 계곡의 덤불 또는 숲에 서식한다. 겨울에는 낮은 산지로 내려와 월동한다. 작은 몸에 비해 목소리가 크며 '짯, 짯' 하고 운다.

도요목 물떼새과

꼬마물떼새

학명: *Charadrius dubius* 영명: Little Ringed Plover
몸길이: 약 16cm

여름새

우리나라에 여름새로 찾아오며, 꼬마물떼새는 눈 주위의 선명한 노란색 고리 모양 띠가 특징인 새다. 주로 얕은 물가에 서식하며 긴 다리를 이용해 걷거나 뛰면서 곤충류나 지렁이 등을 잡아먹는다.

참새목 나무발발이과

나무발발이

학명: *Certhia fameliper* 영명: Eurasian Tree creeper
몸길이: 약 13cm

텃새/겨울새

나무발발이는 나무줄기 아래쪽에서부터 꼭대기까지 나선형으로 올라가며 먹이를 찾는 습성이 있다. 동작이 잽싸고 빨라 '발발이'라는 명칭이 붙었다. 나무발발이는 나무줄기에 사는 작은 곤충이나 거미를 주로 먹는다.

기러기목 오리과

넓적부리

학명: *Anas clypeata* 영명: Northern Shoveler
몸길이: 약 43~56cm

겨울새

넓적부리는 이름 그대로 삽 모양의 넓고 큰 부리가 특징인 새다. 이 부리를 이용해 물을 머금었다가 플랑크톤, 씨앗, 물고기만 걸러서 먹는다.

참새목 멧새과

노랑턱멧새

학명: *Emberiza elegans* 영명: Yellow-throated Bunting
몸길이: 약 16cm

텃새/겨울새

노랑턱멧새는 몸 전체가 갈색이고 부리는 도톰하고 짧다. 사진과 같이 머리깃을 자주 세운다. 우리나라에서는 흔한 텃새이자 겨울새로 산림, 경작지, 습지 주변의 관목과 덤불에 서식한다.

두루미목 느시과

느시

학명: *Otis tarda* **영명**: Great Busterd
몸길이: 수컷 약 100~105cm, 암컷 약 75~80cm

겨울새

느시는 매우 보기 드문 겨울새로 몸은 전체적으로 황갈색이고, 가슴에 적갈색의 띠가 있다. 평야, 농경지, 초원 등에서 서식하며 5월~6월에 산란하고 일부다처제로 생활한다. 느시는 독을 지닌 곤충을 잡아먹는 특이한 식성을 지녔다.

황새목 백로과

대백로

학명: *Ardea alba* **영명**: Great Egret
몸길이: 약 90cm

겨울새

대백로는 강과 연못, 습지 등의 물가에 서식한다. 왜가리보다 크기가 약간 더 커 보이며, 우리나라에서는 전국에 걸쳐 번식하는 여름새다. 대백로는 부리가 길고, 눈 밑에 있는 입꼬리의 끝이 눈보다 뒤까지 미친다. 이것이 중백로와 구별되는 점이다.

도요목 물떼새과

댕기물떼새

학명: *Vanellus vanellus* **영명**: Northern Lapwing
몸길이: 약 32cm

겨울새

댕기물떼새는 머리 뒤쪽으로 길게 난 검은색 머리깃이 아주 멋드러진 새다. 하천과 습지 등 물가에 서식하며 곤충과 절지동물, 지렁이 등을 먹는다. 고양이와 비슷한 울음소리를 내는 것이 특징이다.

참새목 동박새과

동박새

학명: *Zosterops japonicus* **영명**: Japanese White-eye
몸길이: 약 12cm

텃새

동박새는 몸의 윗면이 황록색이고, 아랫면은 흰색이다. 동박새의 눈꺼풀에는 흰색의 가는 깃털이 빽빽하게 둥근 고리 형태로 나 있어 눈 주위에 아이라인을 그린 듯한 모습이다. 동박새는 꽃의 꿀을 좋아해서 다양한 꽃에 무리 지어 모여든다.

사다새목 저어새과

따오기

학명: *Nipponia nippon*   영명: Crested Ibis
몸길이: 약 70~80cm

겨울새

따오기는 흔하게 관찰할 수 있는 철새였으나, 1950년 한국전쟁 이후 개체 수가 급격히 감소했다. 현재 따오기는 세계자연보전연맹의 적색목록 멸종위기종으로 지정되어 보호받고 있으며, 우리나라에서도 따오기 복원 사업을 진행하고 있다.

참새목 때까치과

때까치

학명: *Lanius bucephalus*   영명: Bull-headed Shrike
몸길이: 약 19~20cm

텃새

때까치는 탁 트인 삼림이나 농경지, 하천 주변에 서식한다. 때까치의 부리는 먹이를 잡고 찢기에 좋은 날카로운 고리 모양으로 발달되어 있다. 때까치는 곤충, 양서류, 소형 포유류 등을 잡아먹으며 먹이를 나뭇가지나 가시에 꽂아 걸어두는 습성이 있다.

참새목 멧새과

멧새

학명: *Emberiza cioides*   영명: Meadow Bunting
몸길이: 약 17cm

텃새

멧새는 크기나 몸 색깔이 참새와 비슷하지만, 자세히 보면 참새보다 꽁지깃이 더 길다. 그리고 흰색 눈썹선과 꼬리 양쪽의 흰색 깃이 눈에 띈다.

수리목 물수리과

물수리

학명: *Pandion haliaetus*   영명: Osprey
몸길이: 수컷 약 58cm, 암컷 약 60cm

겨울새 / 나그네새

물수리는 물고기를 즐겨 잡아먹는 수리로, 해안과 내륙의 호수, 늪, 넓은 하천 등에 서식한다. 특히 정지비행에 능하며 먹잇감을 발견하면 재빨리 낙하하여 두 발로 물고기를 낚아챈다.

기러기목 오리과

바다비오리

학명: *Mergus serrator* 영명: Red-breasted Merganser
몸길이: 약 52~60cm

겨울새

수컷은 등이 검고, 머리는 녹색을 띠는 검은색이며 광택이 돈다. 특히 댕기 모양의 머리깃이 멋드러진다. 암컷은 머리가 연한 갈색이고, 몸은 회색이며 머리깃이 수컷보다 짧다. 바다비오리는 북반구에 분포하며, 바다와 가까운 호수나 늪, 하천 등에서 볼 수 있다.

참새목 솔딱새과

바다직박구리

학명: *Monticola solitarius* 영명: Blue Rock Thrush
몸길이: 약 22cm

텃새 / 여름새

수컷은 머리부터 꼬리, 몸 윗면이 짙은 파란색이며 배는 짙은 밤색이다. 암컷은 몸 전체가 회갈색으로 날개 부분에 흰 반점이 있는 것이 특징이다. 바다직박구리는 해안가 바위 절벽에 서식하며 암초나 벼랑, 해안의 항구를 뛰어다니며 먹이를 구한다.

참새목 되새과

방울새

학명: *Chloris sinica* 영명: Grey-capped Greenfinch
몸길이: 약 14cm

텃새

방울새는 아주 작은 새로 몸 전체가 황갈색을 띠며, 굵은 부리를 지녔다. 번식기가 되면 수컷은 나뭇가지에 앉아 목을 좌우로 흔들면서 '또르르르릉, 또르르르릉' 하고 울음소리를 낸다. 방울새가 우는 소리가 청아한 방울 소리와 비슷하여 '방울새'라는 이름이 붙었다.

참새목 할미새과

밭종다리

학명: *Anthus rubescens* 영명: Buff-bellied Pipit
몸길이: 약 16cm

겨울새 / 나그네새

밭종다리는 우리나라 중부 이남에서 월동하는 겨울새로 시베리아 중부와 동부, 바이칼 지역, 사할린, 아무르, 쿠릴 열도에서 번식한다.

올빼미목 올빼미과

북방흰얼굴소쩍새

학명: *Ptilopsis leucotis*   영명: Northern White-Faced Owl
몸길이: 수컷 약 19~24cm

해외에서 볼 수 있는 새

북방흰얼굴소쩍새는 사하라 사막 이남의 아프리카에 서식한다. 적으로부터 몸을 보호하기 위해 나무로 의태하여 몸을 가늘게 만드는 특징이 있다.

도요목 도요과

붉은가슴도요

학명: *Calidris canutus*   영명: Red Knot
몸길이: 약 24cm

나그네새

붉은가슴도요는 봄과 가을에 해안을 따라 지나가는 나그네새로, 가을에는 주로 유조가 온다. 갯벌이나 논, 하구 등에 서식하며 갑각류와 갯지렁이, 곤충류 외에도 식물의 씨앗을 먹는다.

도요목 갈매기과

붉은부리갈매기

학명: *Larus ridibundus*   영명: Black-headed Gull
몸길이: 약 40cm

겨울새

붉은부리갈매기는 겨울을 나기 위해 우리나라에 찾아오는 새로 부리와 다리 색이 붉은 것이 특징이다. 겨울깃은 머리가 흰색이고, 귀깃 부분에 검은색 반점이 생긴다. 여름깃은 머리가 짙은 갈색으로 변하여 두건을 쓴 것처럼 보이고, 부리와 다리는 진한 붉은색이다.

올빼미목 올빼미과

블래키스톤 물고기잡이부엉이

학명: *Ketupa blakistoni Seebohm*   영명: Blakiston's Fish Owl
몸길이: 약 63~71cm

일본 텃새

블래키스톤물고기잡이부엉이는 날개를 펼치면 몸길이가 2m 가까이 되는, 지구상에서 가장 거대한 부엉이다. 러시아 연해주와 일본 홋카이도 일대에 서식하며 일본의 천연기념물이다. 이 부엉이 종은 주로 연어과 물고기들을 잡아먹는다.

두견이목 두견이과

뻐꾸기

학명: *Cuculus canorus* 영명: Common Cuckoo
몸길이: 약 35cm

여름새

뻐꾸기의 몸은 전체적으로 검은색을 띤 회색이고, 날개 끝과 꼬리는 옅은 검은색을 띤다. 암컷의 배에는 갈색 줄무늬가 있는 것이 특징이다. 암컷은 산란기에 스스로 둥지를 틀지 않고 다른 새의 둥지에 알을 낳아 맡기는 탁란을 한다.

도요목 도요과

세가락도요

학명: *Calidris alba* 영명: Sanderling
몸길이: 약 20cm

겨울새 / 나그네새

세가락도요는 봄과 가을에 우리나라를 통과하는 흔한 나그네새로, 일부는 강 하구나 해안가에서 월동한다. 겨울깃은 몸 전체가 회백색이며 날개의 가장자리 부분이 검은색이다. 여름깃은 머리와 등, 날개가 적갈색이고 배와 목이 흰색이다.

매목 수리과

솔개

학명: *Milvus migrans* 영명: Black Kite
몸길이: 수컷 약 59cm, 암컷 약 69cm

텃새 / 겨울새

솔개는 우리나라 숲속에서 적은 수가 번식한다. 솔개는 상승 기류를 이용하여 고리를 그리듯 활공하여 먹이를 찾고 동물의 사체나 개구리, 뱀 등을 먹는다.

올빼미목 올빼미과

솔부엉이

학명: *Ninox scutulata* 영명: Brown Hawk-Owl
몸길이: 약 29cm

여름새

솔부엉이는 우리나라 여름새로, 도시의 공원이나 고궁, 야산 등에서 흔히 볼 수 있다. 주로 밤에 활동하며 곤충, 박쥐, 작은 새 등을 잡아먹는다. 솔부엉이는 나무 구멍이나 인공 새집에서 번식하는데, 산란기는 5월~7월이다.

참새목 솔새과

솔새

학명: *Phylloscopus xanthodryas* 영명: Japanese Leaf Warbler
몸길이: 약 13cm

나그네새

솔새는 일본에서 번식하고, 중국 남동부와 필리핀 등지에서 월동한다. 이마, 정수리, 뒷머리, 목덜미는 올리브 빛 초록색을 띠며, 노란빛이 나는 흰색 눈썹선이 특징이다.

딱따구리목 딱따구리과

쇠딱따구리

학명: *Yungipicus kizuki* 영명: Japanese Pygmy Woodpecker
몸길이: 약 13~15cm

텃새

쇠딱따구리는 우리나라에 서식하는 딱따구리 중 가장 작은 종이다. 공원이나 야산, 산림 지대에서 흔하게 볼 수 있는 텃새다. 쇠딱따구리는 부리로 나무를 두드려 구멍을 낸 후 긴 혀를 이용해서 나무 안의 벌레들을 잡아먹는다.

두루미목 두루미과

쇠재두루미

학명: *Grus virgo* 영명: Demoiselle Crane
몸길이: 약 90cm

미조

쇠재두루미는 우리나라에서는 보기 어려운 희귀 조류로 두루미 중에서는 가장 작은 종이다. 쇠재두루미는 봄에 몽골 초원에서 번식한 후, 겨울이 오기 전 히말라야 산맥을 넘어 인도에서 월동한다.

도요목 갈매기과

쇠제비갈매기

학명: *Sternula albifrons* 영명: Little Tern
몸길이: 약 24cm

여름새 / 텃새

쇠제비갈매기는 바닷가 자갈밭이나 강가 모래밭에서 무리를 지어 번식한다. 우리나라 전국에서 번식하는 여름 철새로 바다나 강, 논 위를 천천히 날다가 먹이를 발견하면 재빠르게 하강하여 사냥한다.

칼새목 칼새과

쇠칼새

학명: *Apus nipalensis* 영명: House Swift
몸길이: 약 12~15cm

나그네새

쇠칼새는 우리나라에서는 보기 힘든 새다. 열대, 아열대에 서식하며, 해안과 섬의 암벽, 높은 산의 바위와 동굴에서 집단으로 번식한다. 쇠칼새는 귀제비 또는 흰털발제비가 만들었던 옛 둥지를 이용해 번식하고, 날면서 곤충을 잡아먹는다.

올빼미목 올빼미과

수리부엉이

학명: *Bubo bubo* 영명: Eurasian Eagle Owl
몸길이: 약 58~71cm

텃새

수리부엉이는 유라시아 대륙의 온대 지역을 중심으로 광범위하게 분포한다. 수리부엉이는 국내 올빼미과 새 중 가장 큰 종이다. 비교적 드문 텃새지만 전국에 걸쳐 서식하며 멸종위기 야생생물 2급으로 지정되어 보호받고 있다. 곤충부터 포유류까지 다양한 생물을 잡아먹는다.

쏙독새목 쏙독새과

쏙독새

학명: *Caprimulgus indicus* 영명: Grey Nightjar
몸길이: 약 29cm

여름새

쏙독새는 흔한 여름새로 우리나라에는 4월~5월에 찾아온다. 암컷과 수컷 모두 몸 전체가 갈색, 검은색, 회색이 섞여 있어서 나뭇가지 또는 낙엽으로 의태하기 쉽다. 쏙독새는 야행성으로 초저녁부터 먹이 활동을 시작한다.

펭귄목 펭귄과

아프리카펭귄

학명: *Spheniscus demersus* 영명: African penguin
몸길이: 약 70cm

해외에서 볼 수 있는 새

남아프리카 케이프 지방에 서식한다. 같은 줄무늬펭귄속에 속하는 마젤란펭귄, 훔볼트펭귄과 비슷하지만 크기가 더 작고 턱 쪽에 검은색 털이 덮여 있다. 얼굴에 있는 흰색 선의 폭이 넓고, 가슴의 가는 검은 선이 하나라는 점도 구별 포인트다.

사다새목 백로과

알락해오라기

학명: *Botaurus stellaris*　영명: Eurasian Bittern
몸길이: 약 70~76cm

겨울새

알락해오라기는 유럽과 시베리아 등지에서 번식하고 한국과 일본, 말레이시아 등지에서 겨울을 난다. 키가 큰 갈대밭에 홀로 숨어 살며 주로 밤에 활동해서 관찰하기 어려운 새다.

참새목 오목눈이과

오목눈이

학명: *Aegithalos caudatus*　영명: Long-tailed Tit
몸길이: 약 14cm

텃새

오목눈이는 검고 작은 부리, 둥근 몸통, 긴 꽁지깃이 특징인 새다. 배는 분홍색을 띠며 꽁지는 검은색이고 바깥꽁지깃은 흰색이다. 주로 숲이나 공원에서 서식하며 '찌르르, 찌르르' 하고 반복적으로 운다.

사다새목 사다새과

오스트레일리아 사다새

학명: *Pelecanus conspicillatus*　영명: Australian Pelican
몸길이: 약 150~190cm

해외에서 볼 수 있는 새

흔히 '펠리컨'이라고 불리는 사다새는 통통한 몸에 커다란 발과 거대한 날개를 지녔다. 그중에서도 오스트레일리아사다새는 오스트레일리아, 인도네시아, 파푸아뉴기니, 솔로몬제도, 동티모르에 분포한다. 오스트레일리아사다새의 목 주머니는 신축성이 좋아 최대 13L의 물을 담을 수 있다.

도요목 물떼새과

왕눈물떼새

학명: *Charadrius mongolus*　영명: Lesser Sand Plover
몸길이: 약 19cm

나그네새

왕눈물떼새는 유라시아 대륙 중동부에서 번식하고 아프리카 동부, 중동 등지에서 겨울을 난다. 우리나라에는 봄과 가을 이동 시기에 전국적으로 찾아온다. 번식기가 되면 앞가슴의 주황색이 선명해진다.

참새목 솔딱새과

울새

학명: *Luscinia sibilans*　영명: Rufous-tailed Robin
몸길이: 약 13.5~14.5cm

나그네새

울새는 '투루루루~' 하고 지저귀며 꾀꼬리, 큰유리새와 함께 울음소리가 예쁜 새로 꼽힌다. 또한 꼬리를 위아래로 떠는 습성이 있고, 낙엽이나 흙을 파헤쳐 그 안에 숨은 곤충을 잡아먹는다. 울새는 어두운 장소를 좋아하고 밝은 장소로 잘 나오지 않아 관찰이 쉽지 않다.

참새목 솔딱새과

유리딱새

학명: *Luscinia cyanura*　영명: Red-flanked Bluetail
몸길이: 약 14cm

겨울새 / 나그네새

유리딱새는 꽁지깃을 위아래로 흔드는 동작이 특징이다. 단, 파란 깃털이 유독 눈에 띄는 개체는 수컷뿐이며 완전히 푸른색을 띠기까지 2년 이상 걸린다. 유조나 암컷의 몸은 녹갈색이고 꽁지깃만 조금 푸른색을 띤다.

참새목 까마귀과

잣까마귀

학명: *Nucifraga caryocatactes*　영명: Spotted Nutcracker
몸길이: 약 32~37cm

텃새

잣까마귀는 온몸이 밤색이며 정수리, 날개, 꼬리를 제외한 몸 전체에 흰 점이 많은 것이 특징이다. 설악산이나 지리산 등 고산 지대 침엽수림에서 번식하고, 겨울에는 경기도나 청평 등지의 숲에서 관찰된다.

도요목 장다리물떼새과

장다리물떼새

학명: *Himantopus himantopus*　영명: Black-winged Stilt
몸길이: 약 37cm

여름새 / 나그네새

장다리물떼새는 분홍색의 긴 다리와 검정색 부리가 특징이다. 해안이 가까운 논과 연못, 늪 등에 서식하며 가늘고 긴 부리로 곤충, 갑각류, 작은 물고기 등을 먹는다.

도요목 갈매기과

재갈매기

학명: *Larus Vegae* 영명: Vega Gull
몸길이: 약 61cm

겨울새

재갈매기는 유라시아 대륙 북부에서 중부, 북아메리카 대륙 북부 등지에서 번식한다. 우리나라에는 겨울새로 도래하여 해안과 하구, 내륙의 호수, 늪에서 서식한다. 잡식성으로 어류나 곤충, 동물의 사체를 먹는다.

참새목 제비과

제비

학명: *Hirundo rustica* 영명: Barn Swallow
몸길이: 약 18cm

여름새

제비는 사람이 사는 집이나 건물, 교량의 틈새에 둥지를 짓고 새끼를 키운다. 비행할 때는 날개를 퍼덕이거나 기류를 타고 재빠르게 날갯짓을 하는데, 이때 입을 크게 벌리고 공중에서 곤충을 잡아먹는다.

참새목 종다리과

종다리

학명: *Alauda arvensis* 영명: Eurasian Skylark
몸길이: 약 17cm

텃새 / 겨울새

종다리는 봄을 알리는 새로, 세계 각국에서 사랑받는다. 우리나라 전역에서 번식하며 탁 트인 평지나 농경지, 구릉지에 모여든다. 눈이 내린 뒤에는 무리 지어 행동하는 경향이 강하고, 봄과 여름에는 암수가 함께 생활한다.

올빼미목 올빼미과

줄무늬올빼미

학명: *Asio clamator* 영명: Striped owl
몸길이: 약 30~38cm

해외에서 볼 수 있는 새

줄무늬올빼미는 갈색빛이 도는 흰색 얼굴에 검은 선으로 테두리가 있으며 큰 귓깃이 특징이다. 남아메리카 및 중앙아메리카 일부 지역에 서식하고 있어 '아메리카올빼미'라고도 한다.

참새목 찌르레기과
찌르레기
학명: *Sturnus cineraceus* **영명**: Grey Starling
몸길이: 약 24cm

여름새

찌르레기는 평지와 낮은 산지의 인가 근처 숲에서 번식한다. 번식이 끝나면 무리를 만드는데, 최대 수만 마리가 되기도 한다. 최근 일본에서는 도시 지역에 찌르레기 보금자리가 증가하여 소음과 배설 문제로 피해가 심각하다.

기러기목 오리과
청둥오리
학명: *Anas platyrhynchos* **영명**: Mallard
몸길이: 약 50~60cm

텃새 / 겨울새

청둥오리는 우리나라에서 볼 수 있는 흔한 겨울새다. 낮에는 대부분 물 위나 제방 등에서 무리 지어 휴식하고, 해가 지면 농경지나 습지로 날아들어 낟알, 식물 줄기 등을 먹는다.

참새목 되새과
콩새
학명: *Coccothraustes coccothraustes* **영명**: Hawfinch
몸길이: 약 18cm

겨울새

콩새는 굵은 부리와 짧은 꽁지깃이 특징이다. 여름에는 어두운 청회색, 겨울에는 엷은 분홍색을 띤다. 콩새는 우리나라를 찾는 겨울새로 '찌, 찌' 하고 예리한 소리로 울며, 번식기에는 휘파람 소리를 내며 지저귄다.

도요목 도요과
큰뒷부리도요
학명: *Limosa lapponica* **영명**: Bar-tailed Godwit
몸길이: 약 39cm

나그네새

큰뒷부리도요는 긴 부리가 위로 살짝 굽어 있어 '뒷부리'라는 이름이 붙었다. 큰뒷부리도요는 최장 거리를 이동하는 나그네새다. 여름철에는 유라시아 대륙 북부에서 번식하며 겨울철에는 유럽 서북부 등으로 이동해 겨울을 난다.

참새목 바우어새과

큰바우어새

학명: *Chlamydera nuchalis*　영명: Bowerbirds
몸길이: 수컷 약 20~40cm

해외에서 볼 수 있는 새

큰바우어새는 호주에 서식하는 새다. 수컷은 번식기가 다가오면 암컷을 유혹하기 바우어를 짓는다. 마른 가지를 모아 다양한 형태의 통로를 만들고, 그 출입구에 조약돌과 조개껍데기 등을 늘어놓고 호화스럽게 꾸민다.

사다새목 사다새과

큰사다새 (분홍펠리컨)

학명: *Pelecanus onocrotalus*　영명: Great White Pelican
몸길이: 약 160cm

미조 / 해외에서 볼 수 있는 새

큰사다새의 몸은 전체적으로 흰색이지만 옅은 분홍색을 띤다. 유럽 남동부와 아시아 남서부, 아프리카 등의 호수와 늪, 하구 부근에 무리 지어 서식한다. 큰사다새는 한 번에 열 마리 정도의 물고기를 몰아서 잡는다.

도요목 물떼새과

큰왕눈물떼새

학명: *Charadrius leschenaultii*　영명: Greater Sand Plover
몸길이: 약 24cm

나그네새

큰왕눈물떼새는 봄과 가을에 드물게 한반도를 지나가는 나그네새로 해안의 모래사장이나 갯벌, 하천 등에서 관측된다. 왕눈물떼새보다 부리가 길고 가늘며 다리는 노란색에서 녹색까지 다양한 색을 띤다. 주로 게나 갯지렁이를 먹는다.

참새목 솔딱새과

큰유리새

학명: *Cyanoptila cyanomelana* Flycatcher　영명: Blue-and-White
몸길이: 약 16cm

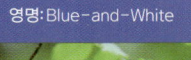

여름새

큰유리새 수컷은 이마부터 머리, 등까지 광택이 나는 파란색 깃털을 지니고 있다. 반면, 암컷의 등은 녹색을 띤 갈색이며 가슴은 회갈색으로 수컷보다 수수하다. 이는 알을 품었을 때 천적에게 발각되지 않기 위한 보호색으로 작용한다.

홍학목 홍학과

큰홍학

학명: *Phoenicopterus roseus*　영명: Greater Flamingo
몸길이: 약 120~140cm

해외에서 볼 수 있는 새

큰홍학은 홍학 중에서 제일 크며 호수나 늪지, 해안가에 큰 무리를 이루고 생활한다. 아래로 휘어진 두툼한 부리에는 여과기가 있어 이것으로 물속의 플랑크톤, 해조, 작은 새우 등을 걸러 먹는다. 암수 모두 깃털이 분홍색이고 날개에 붉은 반점이 있다.

참새목 여새과

홍여새

학명: *Bombycilla japonica*　영명: Japanese Waxwing
몸길이: 약 18cm

겨울새

홍여새는 같은 여새과에 속하는 황여새와 형태와 습성이 비슷하다. 날개와 꽁지깃이 주홍색을 띠면 홍여새이고, 노란색을 띠면 황여새다.

황새목 황새과

황새

학명: *Ciconia boyciana*　영명: Oriental White Stork
몸길이: 약 110~115cm

겨울새

길고 두터운 검은 부리, 긴 목과 다리를 가진 황새는 다른 새보다 몸집이 월등하게 크다. 과거에는 우리나라 전역에서 흔히 볼 수 있는 텃새였지만, 환경오염과 밀렵으로 급감하여 1990년대 이후 멸종했다. 우리나라는 1996년부터 러시아 등 외국에서 황새를 도입해 복원하고 있다.

매목 매과

황조롱이

학명: *Falco tinnunculus*　영명: Common Kestrel
몸길이: 약 30~40cm

텃새

황조롱이는 정지비행을 하는 대표적인 맹금류다. 주로 하천가 절벽의 바위나 흙벽 구멍, 산지에서 번식하며 간혹 도시 건물에서도 번식한다. 몸을 비스듬히 틀고 급강하하면서 곤충, 쥐, 개구리 등의 작은 동물을 사냥한다.

참새목 휘파람새과

휘파람새

학명: *Cettia diphone*　영명: Bush Warbler
몸길이: 수컷 약 16cm, 암컷 약 14cm

여름새 / 나그네새

휘파람새는 높고 맑은 울음소리를 내는 새로 잘 알려졌다. 몸의 윗면은 회갈색이고 아랫면은 회색을 띤 흰색이다. 주로 나무 위에서 생활하며 관목이나 키가 큰 풀 사이에 들어가 먹이 활동을 한다. 우리나라에서는 전국에 걸쳐 번식하는 흔한 여름새다.

기러기목 오리과

흰뺨검둥오리

학명: *Anas poecilorhyncha*　영명: Spot-billed Duck
몸길이: 약 61cm

텃새 / 겨울새

흰뺨검둥오리는 청둥오리와 함께 우리나라에서 가장 흔한 겨울새 중 하나다. 하천, 강 하구, 연안 갯벌 등 다양하게 분포한다. 겨울에는 주로 논에 떨어진 벼 이삭이나 얕은 물에서 서식하는 물풀 등을 먹는다.

탐조 일기를 기록해 보자

자연에서 혹은 길을 걷다가 이름 모를 새를 발견했다면 '탐조 일기'에 기록해 보자. 발견한 대상을 잘 관찰하고, 발견 장소와 시간, 새롭게 알게 된 사실이나 의문이 드는 내용을 노트에 적는다.

스케치도 해 보자. 그림을 그리면서 미처 보지 못한 부분, 대상의 몸 구조나 특징 등을 이해할 수 있다. 전체 모습뿐 아니라 특히 마음에 드는 부분을 크게 그려두면 나중에 도감에서 찾을 때도 편리하다.

관찰 대상의 이름
생물이나 식물을 보았을 때 이름을 모른다면 일단 비슷한 이름을 써두는 것도 좋은 방법이다.

관찰한 날짜
관찰한 장소나 일시, 주변의 환경 등을 기록하면 관찰한 생물이 언제, 어떤 곳에 있었는지를 정확히 알 수 있다.

함께 있었던 사람도 적어두면 나중에 확인하고 싶은 것을 묻거나 새롭게 알게 된 내용을 전달할 수 있다.

관찰한 장소
시나 구, 동 같은 지역명이나 장소명을 자세히 기록한다.

주변환경
'벚꽃이 어느 정도 피어 있었다.' 등 당시에 본 것을 구체적으로 쓰도록 하자. 나중에라도 그 장소나 시기 등을 기억해 내기 쉽다.

날씨 크기 색 알게 된 사실
발견한 대상의 특징 외에 크기, 깃털 색, 생김새 등 자신의 감상이나 생각을 적거나 스케치한다.

▼ 여기에 기록하자 ▼

관찰 대상의 이름

관찰한 날짜   년   월   일   시간

관찰한 장소

주변환경

날씨   (기온   ℃)

크기   cm   색

알게 된 사실

관찰 대상의 이름	
관찰한 날짜	년 월 일 시간
관찰한 장소	
주변환경	
날씨	(기온 ℃)
크기	cm 색
알게 된 사실	

관찰 대상의 이름

관찰한 날짜　　　　　년　　　　월　　　　일　　　　시간

관찰한 장소

주변환경

날씨　　　　　　(기온　　　　℃)

크기　　　cm　　　　색

알게 된 사실

관찰 대상의 이름

관찰한 날짜   년   월   일   시간

관찰한 장소

주변환경

날씨   (기온   ℃)

크기   cm   색

알게 된 사실

관찰 대상의 이름
관찰한 날짜   년   월   일   시간
관찰한 장소
주변환경
날씨   (기온   ℃)
크기   cm   색
알게 된 사실

관찰 대상의 이름

관찰한 날짜   년   월   일   시간

관찰한 장소

주변환경

날씨   (기온   ℃)

크기   cm   색

알게 된 사실

찾아보기

이 책에 등장하는 용어를 선별하여 정리했다. 해당하는 페이지에는 관련 내용이 실려 있다.

ㄱ

간접법 55, 56
겨울깃 138~140, 144, 157, 158
겨울새 22, 144, 147, 149, 151~158, 161, 163, 164, 166, 167
경계 32~36, 42, 46, 116, 140, 142
경계음 33
구애 32, 44, 87, 103, 104, 106~110, 112, 116, 117, 151
구애급이 108, 110
구조색 140
귀깃 18, 42, 141, 157, 163
귀뿔깃 42, 140, 141
기낭 17
기지개 켜기 57, 58, 142
깃털 고르기 54, 110
깃털갈이 138~140
꽁지깃 19, 64, 106, 117, 126, 140, 145, 148, 149, 155, 161, 162, 164, 166

ㄴ

나그네새 23, 145, 155~158, 161, 162, 164, 165
난생 16
날개깃 16, 19
눈속임 행동 44, 45, 145

ㄷ

다이빙 26, 97, 147
둥지 16, 44~46, 110, 120~122, 125~128, 132, 133, 138, 139, 142, 146~148, 150, 154, 159~162
드러밍 112, 117
떠돌이새 20, 152, 155

ㅁ

만성조 133
머리깃 32, 140, 141, 144, 153, 154, 156
먹이 저장 100~104
먹이 활동 60, 78, 87~90, 93, 94, 96~98, 129, 144, 145, 160, 167
먹이사슬 28
모래 목욕 51
모빙 115
물 목욕 50, 51, 69
물갈퀴 26, 27, 76, 77

175

물결형 비행 118, 149

미조 23, 151, 159, 165

미지선 53~55

ㅂ

바우어 110, 165

발가락 18, 26, 27, 54, 76, 77, 84, 147

배설물 28, 62, 64, 66, 128

배설낭 128

번식 20~23, 42, 101, 122, 124, 126, 138, 139, 145, 146, 148, 151, 152, 154, 156, 158~164, 166

번식기 103, 107, 116, 139, 140, 145~148, 150, 151, 156, 161, 164, 165

번식깃 110, 139

변온동물 17

변환깃 139

보금자리 137, 138, 164

복족 77

부리 18, 24, 25, 53~55, 58, 60, 73, 74, 80, 86, 88, 90, 97, 101, 108, 109, 117, 124, 135, 140, 146~148, 151~157, 159, 161, 162, 164~166

부화 16, 124, 126, 138, 150

분면깃 50, 54, 56

분해자 28

ㅅ

새끼 16, 20~22, 39, 44~46, 101, 108, 110, 122~126, 128~130, 132, 133, 135, 137, 138, 142, 163

성조 38, 138

송 포스트 117

숙주새 126, 138

순막 61, 142

스트레칭 57, 58, 142

ㅇ

에인절 자세 57, 58, 142

여름깃 139, 140, 144, 148, 157, 158

여름새 21, 41, 42, 147~149, 151~154, 156, 158~160, 162~165, 167

울음소리 42, 107, 112~114, 116, 117, 146, 150, 152, 154, 156, 162, 167

월동 20, 151, 152, 156, 158, 159

위장 38, 39, 41

위협 28, 32, 44, 94, 113~117, 140

유조 38, 39, 114, 138, 139, 157, 162

유조깃 138, 139

육아 108, 110, 125, 126, 129, 130

의태 34, 38~40, 42, 157, 160

이소 125, 129, 130, 132, 133

일광욕 48, 49, 53, 69

ㅈ

장식깃 110, 139~141, 147

정온동물 17

정지비행 51, 82~84, 118, 155, 166

젖 124

조성조 133

지저귐 103, 110, 116

직선형 비행 118

집단번식지 138

ㅊ

철새 20~23, 28, 93, 155

총배설강 64

ㅋ

클레터링 117

ㅌ

탁란 126, 138, 158

텃새 20, 41, 144~164, 166, 167

ㅍ

판족 26, 76, 77, 147

펠릿 60~62, 66

폐호흡 17

피죤 밀크 124, 142, 150

ㅎ

헬퍼 126, 138

협동 번식 126, 138

호핑 78, 79

혼군 32, 139, 144

혼인색 140

활공 26, 118, 158

활상 118

도움받은 자료

사진 출처

미시마 가오루

1978년 사이타마현 출생. 2011년에 미에현으로 이주하면서 카메라로 야생의 새와 동물을 촬영하기 시작했다. 때로는 드라이브 취미를 살려 원정도 하면서 주로 중부 지방을 중심으로 피사체의 아름다움을 전한다는 목표를 가지고 촬영에 임한다. 사진 담당 서적으로《일본의 물총새》가 있다.

[수록 작품] 개개비(21쪽, 126쪽, 151쪽), 개똥지빠귀(151쪽), 고니(118쪽, 152쪽), 곤줄박이(99쪽, 104쪽, 136쪽, 148쪽), 꿩(표지, 36쪽), 노랑턱멧새(140쪽, 153쪽), 대백로(25쪽, 118쪽, 154쪽), 댕기물떼새(141쪽, 154쪽), 딱새(59쪽, 64쪽, 145쪽), 때까치(25쪽, 126쪽, 155쪽), 멧새(20쪽, 32쪽, 155쪽), 물닭(75쪽, 76쪽, 147쪽), 물총새(4쪽, 61쪽, 81쪽, 97쪽, 125쪽, 147쪽), 민물가마우지(표지, 10쪽, 53쪽, 77쪽, 86쪽, 146쪽), 박새(90쪽), 방울새(25쪽, 156쪽), 밭종다리(7쪽, 156쪽), 백할미새(79쪽, 149쪽), 솔개(16쪽, 49쪽, 158쪽), 솔부엉이(표지, 42쪽), 쇠딱따구리(27쪽, 33쪽, 88쪽, 117쪽, 159쪽), 쇠백로(85쪽, 147쪽), 쑥새(31쪽, 144쪽), 오목눈이(표지, 9쪽, 33쪽, 109쪽, 161쪽), 왜가리(141쪽, 145쪽), 울새(116쪽, 162쪽), 유리딱새(17쪽, 162쪽), 잣까마귀(52쪽, 101쪽), 종다리(117쪽, 163쪽), 직박구리(표지, 17쪽, 63쪽, 90쪽, 146쪽), 콩새(표지, 35쪽, 164쪽), 큰부리까마귀(149쪽), 큰유리새(116쪽, 165쪽), 해오라기(37쪽, 38쪽, 89쪽), 황조롱이(166쪽), 휘파람새(20쪽, 107쪽, 167쪽)

미야모토 가쓰라

야생 조류 사진가. 주로 긴키 지방에서 친숙한 새의 모습이나 행동을 테마로 촬영 활동을 한다. 사진 담당 서적으로《일본 까마귀 유희》,《일본 제비 기행》,《일본 제비의 편지-제비가 온 날》,《일본의 까마귀》,《그림을 그리기 위한 새 사진집》(마르샤) 등이 있다. 아마존 킨들 스토어에서 제비 사진집〈BARN SWALLOWS〉를 판매 중이다.

Twitter: @KE_m

[수록 작품] 괭이갈매기(68쪽, 152쪽), 까마귀(표지, 5쪽, 39쪽, 62쪽, 69쪽, 70쪽, 93쪽, 95쪽, 96쪽, 98쪽, 102쪽, 113쪽, 115쪽, 139쪽, 148쪽), 멧비둘기(109쪽, 150쪽), 물수리(27쪽, 65쪽, 155쪽), 물총새(61쪽 아래), 민물가마우지(55쪽, 67쪽, 94쪽), 바다비오리(77쪽, 156쪽), 박새(129쪽), 백할미새(49쪽, 90쪽, 105쪽), 세가락도요(72쪽, 158쪽), 쇠백로(137쪽), 쇠칼새(80쪽), 왜가리(47쪽, 94쪽), 재갈매기(표지, 83쪽, 94쪽, 163쪽), 제비(표지, 4쪽, 16쪽, 21쪽, 25쪽, 50쪽, 54쪽, 70쪽, 114쪽, 115쪽, 121쪽, 122쪽, 125쪽, 128쪽, 130쪽, 135쪽), 찌르레기(109쪽, 129쪽), 참새(122쪽), 청둥오리(73쪽), 큰뒷부리도요(74쪽), 큰부리까마귀(109쪽), 황로(91쪽, 148쪽), 황조롱이(51쪽), 흰물떼새(40쪽, 43쪽, 145쪽)

쓰키야마 가즈요시

1965년 후쿠오카현 출생. 대학 1학년 때부터 하카타만을 무대로 야생조류 관찰을 시작해 그 세계에 빠져들었다. 이후 본업과 병행해 40년 가까이 탐조와 촬영을 계속하고 있다(좋아하는 도요새·물떼새류는 연령 식별용 사진을, 친숙한 새는 생태나 표정을 촬영하고 있다). 잡지《BIRDER》에 기고 및 각종 서적에 사진을 제공하고 있다. 사진 담당 서적으로는《일본의 도요·물떼새》가 있다.

Instagram: @kazuyoshi.tsukiyama   Twitter: @TsukiyamaKazu

[수록 작품] 꼬마물떼새(8쪽, 45쪽 오른쪽 아래, 153쪽), 꿩(111쪽, 112쪽), 대백로(106쪽), 동박새(82쪽), 때까치(103쪽), 매(6쪽, 131쪽, 132쪽, 150쪽), 물수리(84쪽), 바다직박구리(79쪽), 붉은가슴도요(7쪽, 157쪽), 붉은부리갈매기(80쪽, 157쪽), 세가락도요(60쪽), 쇠제비갈매기(6쪽, 108쪽, 159쪽), 오목눈이(121쪽), 왕눈물떼새(23쪽, 70쪽, 114쪽, 161쪽), 왜가리(137쪽), 장다리물떼새(46쪽, 162쪽), 큰뒷부리도요(23쪽, 88쪽, 164쪽), 큰왕눈물떼새(7쪽, 165쪽), 흰물떼새(43쪽 아래), 흰뺨검둥오리(9쪽, 133쪽)

나카노 사토루

아이치현에 거주하며 주로 참새를 피사체로 한 사진을 Instagram(@Onakan_s)에 업로드한다. 2016년 발간한 첫 작품집《일본 참새 세시기》가 호평을 받았고, 이 책을 포함한《일본 참새》시리즈,《참새가 보내온 선물》,《참새 생활 달력》등에서 사진을 담당했다. 야생조류와 관련한 출판물, 웹사이트 등에서도 참새 사진을 발표하고 있다.

Twitter:@aerial2009

[수록 작품] 방울새(69쪽), 백할미새(114쪽), 참새(표지, 5쪽, 34쪽, 51쪽, 56쪽, 57쪽, 58쪽, 69쪽, 71쪽, 79쪽, 90쪽, 114쪽, 125쪽, 129쪽)

주요 참고문헌 (출간순)

《필드 가이드 일본의 야생조류》, 다카노 신지, 일본 야생조류회, 1982년

《새의 실물크기 발자국, 발자취 핸드북》, 고미야 데루유키·스기타 헤이조오, 문일종합출판, 2012년

《신판 일본 야생조류》, 가나우치 다쿠야·아베 나오야·우에다 히데오, 산과계곡사, 2014년

《Illustrated Checklist of the Birds of the World Vol.1 Non-passerines & Vol.2 Passerines》, Josep del Hoyo Nigel J.Collar Lynx Edicions, 2016년

《까마귀학 추천》, 스기타 쇼에이, 미도리쇼보, 2018년

《바로 식별할 수 있어요 야생조류도감》, 고미야 데루유키 감수, 세이비도출판, 2021년

《이웃집 비둘기 친숙한 생물의 알려지지 않은 세계》, 시바타 요시히데, 산과계곡사, 2022년

옮긴이 이진원

경희대학교 일어일문학과 졸업하고 현재 번역 에이전시 엔터스코리아 출판기획 및 일본어전문 번역가로 활동하고 있다. 주요 역서로는《모두를 위한 생물학 강의》,《최강왕 공룡 배틀》,《365일 앵무새 키우기》,《앵무새와 오래오래 행복하게 사는 법》,《도면이 친절한 리얼 종이접기(공룡과 고생물편)》,《생각하는 인간은 기억하지 않는다》,《최강왕 오싹한 요괴 대백과》,《정원수 가지치기》,《초강력! 세계 UMA 미확인 생물 대백과》,《어디에서 왔을까? 시리즈 전4권》등 다수가 있다.

새 행동 도감
한눈에 알아보는 새의 위장술·스트레칭·배설·사냥·구애 행동 탐조 가이드

1판 1쇄 펴낸 날 2025년 3월 10일

편저 POMP LAB.
감수 고미야 데루유키
옮긴이 이진원
주간 안채원
책임편집 장서진
편집 윤대호, 채선희, 윤성하
디자인 김수인, 이예은
마케팅 함정윤, 김희진

펴낸이 박윤태
펴낸곳 보누스
등록 2001년 8월 17일 제313-2002-179호
주소 서울시 마포구 동교로12안길 31 보누스 4층
전화 02-333-3114
팩스 02-3143-3254
이메일 bonus@bonusbook.co.kr
인스타그램 @bonusbook_publishing

ISBN 978-89-6494-729-6 03490

• 책값은 뒤표지에 있습니다.